室内空间设计理论与实践研究

邓 琛 著

中国纺织出版社有限公司

内 容 提 要

随着社会经济的快速发展和人们生活水平的不断改善，人们的文化素养、价值观念、生活追求等也在逐渐提升，人们对所处的环境也提出了新的要求。本书从空间的基础认知、室内设计理论分析、室内空间设计创意、公共空间的室内设计、居住空间的室内设计以及低碳经济理念下的室内设计进行了清晰而细致地讲解。详细阐述了空间设计原理及空间原理的基本理论知识，以及不同居住空间和商业空间的设计技巧，可为室内设计及其相关人员提供一定的帮助。

图书在版编目（CIP）数据

室内空间设计理论与实践研究 / 邓琛著. -- 北京：中国纺织出版社有限公司，2023.8
ISBN 978-7-5229-0744-4

Ⅰ.①室… Ⅱ.①邓… Ⅲ.①室内装饰设计–研究
Ⅳ.①TU238.2

中国国家版本馆CIP数据核字（2023）第127847号

责任编辑：赵晓红　　责任校对：江思飞　　责任印制：储志伟

中国纺织出版社有限公司出版发行
地址：北京市朝阳区百子湾东里A407号楼　邮政编码：100124
销售电话：010—67004422　传真：010—87155801
http://www.c-textilep.com
中国纺织出版社天猫旗舰店
官方微博 http://weibo.com/2119887771
天津千鹤文化传播有限公司印刷　各地新华书店经销
2023年8月第1版第1次印刷
开本：787×1092　1/16　印张：12.75
字数：255千字　定价：99.90元

前　言

　　空间设计，指的是房子装修完毕之后，利用那些易更换、易变动位置的饰物与家具，如窗帘、沙发套、靠垫、工艺台布、装饰工艺品及装饰铁艺等，对室内的二度陈设与布置以及布艺、挂画、植物等。空间设计包括办公空间设计、家庭室内装修、文化和休闲空间设计、商业空间设计，具体设计项目包括空间结构规划、水电设计、灯光设计、装修、软装，特殊的空间体内还需要道具设计。因而，空间设计可以看作比建筑设计小的概念，建筑设计注重外在的设计，空间设计注重内里的设计。

　　空间设计是一门建立在现代环境科学研究基础之上的新兴学科，涉及人文社会环境、自然环境、人工环境的规划与设计。本书采用理论结合实际的方法，从空间的基础认知入手，介绍了室内设计方法以及室内设计与人体工程学、环境心理学、生态设计学之间的关系，研究了室内空间设计、公共空间的室内设计、居住空间的室内设计等不同空间类型的设计理论与实践，最后阐述了低碳经济理念下的室内设计理论与实践研究。本书循序渐进、由浅入深，力求以准确与科学的文字进行表述，用理性和科学的态度取代感性和随意性。全书力图以完整、详细、重点突出的框架阐述空间设计的相关知识。以期为空间设计的学习者和研究者提供参考和借鉴。

　　由于笔者知识水平和条件有限，书中错误在所难免，恳请各位同仁和读者批评指正，以便进一步修改、完善。

邓琛

2023 年 5 月

目　录

室内空间设计理论与实践研究

第一章　空间的基础认知

第一节　空间的基本概念

从漫无边际的外太空到显微镜下的微观世界，客观的物质世界普遍是以某种空间的方式存在的。从生命萌动时被母体的包裹到生命终结后的入土为安，人们每时每刻都在占据空间，也为空间所包围。可以说，空间是人类认知世界最初始也是最基本的媒介。

其实，人们对于空间的基本认知并非来自抽象的哲学思考，而更多的仅仅是鲜活的日常经历所累积的基本常识。

作为日常生活中接触到的最普通、最熟悉不过的事物，空间是直接而具体的。另外，空间却又很难用言语加以叙述和定义。其中主要的原因就是空间所具有的不确定性，即由于"空"和"无"的特性使空间不像实体对象一样易于被分析和讨论。因此，为了更深入地理解和认识空间，就不仅需要我们身处其中去进行直观的体验和感受，还需要我们不时从空间中抽离出来对其加以理性分析。只有将这两种方法很好地结合，才能形成对空间比较深入和全面的认识。

尽管都属于三维立体的范畴，我们这里所讨论的"空间"概念与作为设计通用基础的"立体构成"之间虽然有着密切的联系，但又存在着非常不同的观察视角。"立体构成"偏重从外部去审视形体及其之间的联系，而对于"空间"的研究则更侧重于从内部去观察和感受空间及其之间的组织关系，注重人们身处空间之中的感受和体验的结果。除强调内部性的特点之外，空间设计还涉及人的尺度问题。也就是说，在研究和推敲空间之间的关系时需要考虑的不仅是抽象的空间形式和审美的问题，还必须考虑空间的大小与人体的尺度之间的相互影响和相互关系。后者不易把握也很容易被忽略，却是评价空间品质优劣的重要依据。为了能更好地对空间进行组织和设计，我们就需要对空间的概念和性质有一个基本的了解。

一、空间的基本概念

（一）空间的形成

只要稍稍留意一下身边，我们就会发现在日常生活当中随时发生着简单而有趣的空间现象。在艳阳高照或阴雨天时人们会撑起小伞，在草地里休息或用餐时人们会在地上铺一块塑料布。这些都会很容易地在我们身边划定一个不同于周围的小区域，从而暗示一个临时空间的存在。雨伞和塑料布提供了一个亲切的属于我们自己的范围和领域，让我们感到舒适和安全。由街边的矮墙和台阶所形成的小的区域，同样可以暗示一个空间的存在。不同于雨伞和塑料布之处在于，这是一个由较为永久性的实体所形成的空间区域，它可以为一些临时性的公共社交活动提供简单的遮蔽，甚至某些情况下会诱发人们特定的行为。一个吊挂在城市上空的金属装置，尽管毫无隐私可言，但是对于围坐在桌子边的小群体而言，同样形成了一个很好的临时聚会场所。

（二）实体与虚空

"埏埴以为器，当其无，有器之用。凿户牖以为室，当其无，有室之用。是故有之以为利，无之以为用。"这是两千五百年前，老子对于"空间"的概念进行过的极富东方哲学思辨精神的精辟论述。它的大意是说，用陶泥制作器皿，由于其中"空"的部分才使器皿具有使用的价值；开凿门窗建造房子，同样由于房间中"空"的部分才使房间具有使用的价值；实体所具有的使用价值是通过其中虚空的部分得以实现的。老子关于空间的论述清晰而深刻地阐明了用以围合空间的实体和被围合出的空间之间的辩证关系，经现代主义建筑大师弗兰克·L. 赖特（Frank L. Wright）加以引用而给设计界以极大的启发。它让我们通常只关注实体的眼睛"看见"了虚空，然而，在意识到"空"的价值的同时，我们同样不应该忽视围合出空间的实体的作用。尽管它不是空间本身，但无疑它帮助形成空间，也深刻影响着空间。

由于中间被围合的"空"的部分充满了不确定性而难于把握，使我们在分析和讨论空间的时候，很多情况下需要借助于相对确定也更易于控制的实体进行讨论而得以实现。此外，当我们在从事空间设计工作的时候，我们主要也是通过对形成空间的实体进行安排和组织，以达到创造和调节空间本身的目的。

（三）空间与空间感

显然，对空间进行探讨的价值和意义不仅在于空间本身的客观状态，更涉及人们身处其中复杂的感受和行为反馈。因此，我们在谈论"空间"的时候往往离不开对"空间感"的谈论。大家可能也意识到了，在论述"空间的形成"的过程中，我们实际上也是在讲述"空间感"的形成。在很多情况下，人们感受到的空间和真实的物质空间存在着很大的差异。在当前的视频游戏中，数字模拟技术已经可以做到将真实的世界与人们感受到的虚拟世界完全分离开来的程度，这可以说是利用"空间感"创造"空间"的比较极端的方式。

尽管人们始终在各种各样的空间中活动，但并不是所有人们经历过的空间都能给人留下印象，并且特征不同的空间给人们留下的印象强度也存在很大差异。我们每个人可能都有过这样的经验：当我们分别通过一条两侧排列着封闭房间的办公楼通道和一条两侧布置着可以观赏到室外景致的玻璃窗的走廊时，一定会有完全不同的感受。尽管两条通道的实际长度大致相同，但由于前者给我们的空间感觉封闭沉闷，往往会显得乏味冗长；后者由于提供给我们较为丰富愉悦的空间体验，因而相比之下在实际通过时会使人感觉比实际距离缩短了很多。由此可见，通过对真实空间进行不同的处理和安排可以有效地调节人们对空间的印象，进而会促进人们的某些行为而抑制另外一些行为。应该说，这正是我们对空间进行设计和规划的主要方式。

二、空 间 认 知 的 基 本 理 论

直到 19 世纪，空间才作为一个独立的概念被人们理解和研究。德国著名哲学家伊曼努尔·康德（Immanuel Kant）认为空间并非物质世界的属性，而是人类感知世界的方式。在《纯粹理性批判》一书中，他写道，空间以知觉的形式先存在于思想中，必须从人的立足点才能谈论空间，这一观点成为后来空间移情论的理论基础。空间移情论把人的个体意识的外化即看作空间化的过程，并认为空间之所以存在是因为人的身体对其的感知和体验。

同一时期建筑空间理论的另一个更具影响力的方向来自空间的围合论。该理论认为空间的围合性是第一位的，同时把对空间的注意力集中在围合空间的建筑元素上，并认为建筑的目的就是创造与围合空间，因此建筑的过程也应从空间开始。该理论更关注对围合空间的实体进行研究，并使 19 世纪末和 20 世纪初的建筑师和理论家们真正开始了对空间的关注，对于建筑界空间观念的形成影响深远。

20 世纪中叶，以马丁·海德格尔（Martin Heidegger）的存在主义现象学为基础，诺伯格·舒尔茨（Norberg Schulz）在建筑空间研究方面试图以"场所"理论替代"空间"的概念。他认为，在传统的讨论中，建筑空间被分解为三维的组织系统和蕴含于其中的气氛两个分离的部分，这一做法阻碍了人们对空间的理解，而他提出的"场所"概念则是空间和其中所包含的特质的总和。基于这一认识，人们可以把人的思维、身体和外部环境紧密地联系起来。由于场所理论尝试把人的思维和外部世界看作一个整体进行考查，所以得

到当代设计界比较广泛的认同。

此外，当代许多理论家也把空间作为一种语言系统来进行研究。他们倾向于认为，空间整体而言是一套有着内在逻辑和结构的语言系统，是一系列可以被解读的具有意义的人工产品和事件。既然是语言，就需要有相应的词法和句法对空间进行组织，并且可以像阅读文字一样对空间进行解读，以理解其所传达的含义。显然，这就意味着对于空间语言的阅读和理解能力将会直接影响到人们对空间进行解读的结果。由于空间语言往往通过象征、隐喻等抽象的方式进行表达，因而对其含义的解读也往往是模糊、多重和意象性的。

面对众多的空间理论和认识，期望能够给空间一个终极的定义显然是没有意义的，同样也不是本书所期望达成的目标。我们认为无论哪一种理论，都不应作为对空间的严格的定义，而应是立足于各自不同的角度对空间进行的描述。在给人们认识空间和创造空间以启发的同时，它们反映了空间、实体、人及其感受之间复杂关系的不同侧面，从而帮助人们不断加深对空间的认识和理解，拓展创造空间的可能，而这才是真正有价值的。本书也同样尝试从不同角度和层面对空间进行分析和描述，并配合相应的课题训练以提高大家对于空间的思考、想象和创造能力。

三、空间在建筑和室内设计中的角色演变

简单地回顾一下历史就会发现，尽管建筑与室内设计的发展过程从来都离不开空间这一载体，但是人们真正自觉地把空间作为建筑和室内设计中重点表现和关注的对象却是从现代主义设计思潮出现之后。在现代主义出现之前的各个时期，有关建筑内部的主要工作基本上集中于对室内的墙体进行平面化的装饰方面。相比空间而言，当时人们更重视对古典式样比例的严谨推敲和近似考古的样式运用。由于创作者并没有把空间作为艺术表现的重点，因而对于空间表面的处理虽然丰富多样，但并不以调节和加强空间本身的特质为目标。相反，创作者更像是面对着一块块被划分出来的独立的画布，尽最大可能地进行繁复的雕绘和纹饰，其结果往往使空间本身的特色变得模糊不清。在各个风格时期中，均不缺乏层次丰富且尺度震撼的室内空间案例，但很多都由于没有把空间有意识地作为设计思考的重心，从而因为大量的表面装饰而削弱了空间自身的艺术表现力。当然，西方传统建筑与室内设计历史中出现过的众多风格流派也存在着明显的地域差异，其中不乏一些在空间与表面装饰之间保持恰当平衡的优秀作品。但就总体而言，近现代时期之前西方传统建筑和室内设计的发展历程中人们并没有把空间作为独立的审美对象加以对待。

随着近代产业革命的推进，工业化大批量的制造方式的出现、新结构技术和新材料的不断拓展以及艺术领域抽象美学的渐趋成熟，使一批敏感的建筑师们明显地意识到传统设计语言的局限性。在他们看来，仅仅是使用新的材料去雕琢旧有的装饰样式不仅与时代的特征相悖，而且显然已经不能满足人们新的生活方式和审美趣味了。他们一方面基于现代

抽象美学尝试发掘现代结构技术与现代材料所可能形成的新的艺术表现潜力，另一方面希望把建筑向满足人们基本生活需求的目标回归。这两项诉求使传统的装饰性风格遭到摒弃，而如何能够创造出满足人们现实使用要求的内部空间则被置于首要关注的位置。相应地，建筑内部的空间组织方式、空间功能关系成了建筑师主要思考的内容。由于装饰遭到了排斥，因而空间本身逐渐成了建筑的主角。与此同时，一批给人以深刻启发的空间设计案例也使现代主义设计思想变得令人信服，并逐渐成为设计界的主流意识。

然而任何事物都不能走极端，现代主义也是如此。当除了满足人们最基本最实用的要求之外不能有任何多余的形式和内容成为无可置疑的设计教条时，空间就变得僵硬枯燥且有悖人性了。现实生活的复杂性和人们出于情感需求的装饰本能均预示着现代主义的极端唯功能论终将走向末路。于是，后现代主义等一大批新的设计思潮不断地涌现出来，以期改变现代主义禁欲式的僵化呆板的空间形象。值得注意的是，各种新的设计思潮和方法并不否定空间的价值，而是在进一步拓展空间潜力的基础上，试图呈现空间本应具有的除功能之外的更为丰富的文化含义。当然，空间以及空间界面的装饰特征不应该处于相互对立的关系之中。空间界面不仅本身就是空间语言的一部分，而且也是实现空间整体效果的重要手段。在实现空间整体表现力的前提下，如何取得空间及其界面装饰特色之间的平衡才是我们应该关注的重点。

第二节　空间的基本要素

构成和影响空间的主要因素包括：空间的形状、空间的尺度、限定与围合空间的方式和程度、空间出入口的位置与路径、构成空间的界面性质（包括界面的形式、色彩和质感等方面），以及光与空间的相互作用等。我们接下来就对以上这些内容分别加以讨论。

一、空间的形状

形状是指一个图形的外边缘或一个实体的外轮廓。而就空间而言，其形状则是指虚空部分的外轮廓，或者说是包裹虚空的围护物的内部轮廓。空间形状越简单则越容易被辨认，其空间性质也越单纯、明确。反之，空间形状越复杂则其轮廓和边界越模糊不清，空间也就越具有不确定性。

不同形状的空间由于其空间性质不同，带给人们的空间感受也就不同。正方形空间给人感觉具有一定的向心性且很均衡平稳，而长方形空间则存在着长边和短边两个不对等的方向。相比之下，沿长边的方向感更为强烈，往往也更为重要。因此在长方形的教室或会议室中，人们习惯将讲台和主席台放在房间的短边一侧，以顺应长方形空间内在的方向性。三角形空间中因为锐角和倾斜面的出现，打破了矩形空间的稳定性，加强了空间内部的紧张感和运动感。由曲线和曲面形成的空间，因为曲线的视觉连续性而使空间整体具有了连续和流动的特性。

当身处一个形状比较复杂的空间中时，人们站在空间的不同位置上会有着完全不同的感觉。应该注意的是，相同形状的空间与水平面之间的角度不同，就会呈现出完全不同的形状。比如同样的一个六面体空间，与地面平行放置和与地面成角度放置，对于人们的感受会截然不同。前者是人们比较熟悉的空间状态，感觉非常平稳。而后者则很不寻常，充满了动感。造成这一差异的原因是空间形状与自然重力以及人的行为方式之间的关系有所不同。从外部观察空间的外部形态时这种不平衡感更容易被感受到，而在空间内部虽然有着很强烈的不稳定感，却不容易感受到空间整体的形状。

二、空间的尺度

尺度，顾名思义就是用"尺子"去"量度"。"空间的尺度"因此可以理解为，人通过用"尺子"对空间进行"度量"后，形成的对空间大小的感知和判断。显然，这里的"尺子"并不是指一般意义上有着刻度用来测量的标尺，这里的"量度"显然也不是真的去实际测量。经过仔细地观察和体会我们就会发现，当人们试图感知空间和形体大小的时候，往往有两种基本的途径。其一，当被感知的空间或形体并不十分巨大且与人的距离也比较接近时，人们往往可以通过直观的感受对空间或形体的高低、大小形成非常直接且相对准确的判断，而判断的基础则是人与被感知的空间或形体之间相对的高低、大小关系。其二，当被感知的空间或形体十分巨大或与人之间的距离比较疏远时，由于人很难在自身与空间或形体之间建立起直接的联系，因而会对空间和形体的高低、大小失去感知和判断的能力。在这种情况下，人们往往是将空间中的各种形式元素当作"度量"的标准，以此作为对空间和形体的大小进行感知和判断的依据。

显然，"尺度"的概念不同于"尺寸"，"尺寸"仅仅指的是距离或大小的绝对数值，并没有直接反映出用于度量的"尺子"与被量取物之间的相互关系。"尺度"则正好相反，它关注的恰恰是人与空间、形体与空间和形体的局部与整体之间相对的大小关系，可以说"尺度"是一个建立在相互关系上的体系或系统。就这一点而言，"尺度"都是相对而言的，只是因"度量"的基本"标尺"的不同而有所不同。

在第一种情况下，我们以人体自身的尺寸作为"度量"空间和形体大小的基本依据，我们称为"人体尺度"。尽管不同地域不同种族的人们有着不同的人体尺寸，但相对而言，人体尺寸是一组相对确定的数据。因此，直接以人体尺寸去"量度"和感受空间的大小，所得到的相对于人体的空间感觉是人感知空间的大小的基本途径。需要注意的是，在同一个空间中儿童对空间大小的感觉显然不同于成人，这是因为"度量"空间的"标尺"不同导致的。关于这一点，我想每个人都会有过相似的经历：那些儿时嬉戏过的幼儿园和游乐场在我们的记忆中曾经是那么高大、宽阔，但当我们长大后有机会再回到同一地点时，一定会对眼前"被微缩后的景观"的真实性质疑。因此，在设计主要供儿童或包括残障者在内的特殊人群活动的空间时，就需要我们特别考虑人体基本尺度上的差异。

在第二种情况下，我们把空间中的某种形式元素当作对空间和形体的大小进行"度量"的基本标准，在这里因为没有人的因素介入，我们姑且称为"非人体尺度"。在这一尺度系统中，反复出现的某种形式单元往往会成为"量度"空间和形体的重要"标尺"。在实际的空间之中可能会存在多个反复出现的形式单元，这些形式单元如果能够依据彼此的大小尺寸形成不同的等级关系，就可以组成一个井然有序且内部层次丰富的尺度系统。

一般而言，空间中的某些构件或元素与人体尺寸有着极为密切的对应关系（比如栏杆、家具等），我们也会凭借日常的经验在潜意识里把这些空间构件或元素视为人体自身尺度的延伸，并以此对空间进行尺度上的判断。但这样做的前提是，这些栏杆和家具需要具备与人的舒适使用相匹配的恰当尺寸。在一些情况下，我们正是利用人们的这种习惯性的经验，通过改变那些人们熟知的空间构件的实际尺寸，去"欺骗"人们对空间大小的感觉。

空间与人之间的尺度关系除了可以帮助人们感知空间的高低大小，还从很大程度上影响人们身处空间中感受到的舒适程度。当空间比较高大时，因为人体尺寸与高大的空间尺寸之间相差较大，使人们身处其中会感到与空间的关系很疏离，缺乏亲切感。此时如果在空间中加入一些大小尺寸或安装位置介于高大空间与人体尺度之间的植物或者造型构件，就会在高大的空间和人之间形成一个很好的过渡，从而可以有效地调节人与空间之间的尺度关系。

三、空间的限定与围合

空间的限定方式与围合程度有着密切的关联和一致性，两者都涉及空间的构成形态对于人们空间的感受的影响。只是前者更侧重从物质形态的角度对空间构成的可能方式，而后者偏重探讨不同的空间形式将会给空间的性质带来哪些不同的结果。

（一）空间的限定方式

1. 水平要素限定空间

地面的升高、降低或材质的变化，会使一个区域与周边区域分别开来。该区域的底面与周边的高度差别和材质差异越明显，则由此而提示和限定出的空间也就越明确，越具有独立性。其中仅仅依靠地面材质的变化而限定出的空间最为模糊，仅仅是暗示性的。由于地面下沉而形成的空间，因为侧向墙面的出现使该区域的限定与围合性最强，当下沉的深度比较大时尤其如此。

顶面的出现会因为它与地面共同形成一个空间体积，而使该范围有着比较强的空间限定感。顶面的大小、完整性和它与地面之间的距离关系会影响该空间限定的强度。一般而言，顶面与地面的距离比较近时，空间的限定性较强，反之则较弱。顶面的形式越完整实体性越强，由此而形成的空间也就越清晰明确。

2. 垂直要素限定空间

水平要素所划定的空间范围，其垂直边缘往往是暗示性的。而用垂直的形式要素，可以通过对视觉的遮挡更为直接地建立起一个空间的垂直边界。由此而形成的空间限定感更强也更明确。因此，它是限定空间体积以及给人们提供明确围合感的一种更为直接和有效的手段。

垂直的形式要素对于空间内外的视觉连续性有着比较直接的影响，决定着空间内外以及相邻空间之间关系的紧密程度。垂直要素可分为线性要素和面要素，依其位置和面积的大小对空间限定的结果产生影响。

（二）空间的围合程度

空间围合的程度，是由空间限定要素的形式和围护体开口的形状所决定的。一般而言，围护体的面积越大则空间的围合程度越强，反之则越小。开口面积相同的情况下，当开口位于空间的围护面以内时，空间的围合感最强，空间会保持最大程度的完整性。当开口处于空间围护面的边缘时，空间维护面的完整性将受到削弱，空间转角处的边界也会变得比较模糊，空间也会因此而变得更加开放。随着空间完整性的削弱，围护面的独立性反而得到了加强。当开口贯穿两个或三个空间围护面之间时，被开口切割的相邻的围护面都会变得很不完整，很大程度上增加了空间内部的不稳定感。

可见，空间围合物开口的位置和空间完整度之间的关系，与中国传统围棋中"金角、银边、草肚皮"的基本法则非常一致。即在开口面积相同的情况下，将开口置于三个围护面相交接的角部时，对空间围合的完整程度破坏最大；将开口置于两个围护面的交接处次之；将开口置于一个围护面的范围内时影响最小。此外，空间围护面的面积越大、形式越完整则空间的围合程度也就越高。反之，随着空间围护面上洞口数量和尺寸的增加，空间就会逐渐失去围拢与封闭感，与相邻空间的视觉联系也变得越来越紧密。与此同时，人们的视觉重点会逐渐转移到围护面本身，而空间整体的完整性和独立性则变得越来越弱。

（三）异型空间的限定与围合

在前两个部分中我们关于空间限定与围合的讨论是基于简单正六面体空间的假设。当空间的形状复杂多变时，空间的限定方式与围合程度就显得不那么清晰了。很多当代设计师正是希望通过寻找和创造空间的复杂性和多样性，给人们提供特别的空间体验。

四、空间的表面——形式、色彩和质感

空间围护体表面的视觉特征对于空间感的影响也十分显著。这些视觉特征包括表面的起伏、图案、色彩和质感等内容。空间界面的图案、色彩和质感的不同并没有改变空间的物理形状，却可以影响人们在空间中的心理感受。换句话说，它改变了人们的心理空间，并没有改变真实的物理空间。因此，在实际的设计任务中，当一个房间的墙体已经不允许改变的时候，设计师仍可以通过对墙体表面的形式进行处理来达到某种设计效果和设计意图。

如果以表面平整光洁的白色墙面作为中性的参照对象，空间围护体的表面视觉特征越强烈，其作为空间围护物的实体感也就越弱，空间在此处的边界也会变得越发模糊不清。与此同时，该表面自身的独立性变得更强，更容易成为从空间中脱离出来的一个独立的视觉元素，而不是空间边界的一部分。根据表面视觉形式的不同，该界面会使人感到更靠近或更远离空间的中心。为了促成某一个墙面在空间中占视觉上的主导地位，通常可以通过把它在形式、表面处理等方面与其他的墙面区别开来加以实现。

其中，界面的凹凸起伏和界面的质感之间有些相近之处。因为当凹凸起伏的图案大面积地布满墙面且达到一定的密度时，就会形成类似于肌理的感觉。但相比之下，凹凸起伏的图案所形成的肌理感一般会比较强烈，而且更强调造型性和设计感。而界面的质感则更倾向于对材质天然特征的表现，往往呈现出比较自然的面貌。材料的质感都存在触觉质感和视觉质感两种基本的类型。其中触觉质感是在人们触摸时可以真实感受到的质感，而视觉质感则是指人们通过视觉感知后，由过去曾经与之相似的视觉和触觉经验而联想到的材质感受。

空间界面的色彩对空间感觉的影响也很显著。我们仍以白色墙面作为参照，当界面色彩的明度较高且彩度较低时，即越接近于白色墙面时，空间的真实大小和边界就越容易被感知。当界面呈现比较浓烈的橘黄等暖色调时，界面会向空间内扩张，使空间在感觉上会变得比实际上小；而当界面呈现比较浓重的冷色调时，则刚好相反，界面会向空间外隐退，使空间在感觉上会变得比实际上更大。

此外，色彩和质感对多个空间之间的组织关系也可以产生很显著的影响。它既可以帮助划分空间，也可以帮助空间保持更紧密的联系。

需要着重说明的是，除了对空间的大小、高低和位置等因素产生影响之外，空间界面的这些特征对于塑造空间的表情、性格和气氛的作用更为明显。暖色调的温暖和热烈，冷色调的冷静和忧郁，柔软材质的亲切感，反射表面的虚幻感，粗糙表面的质朴和光洁表面的华丽等都是空间界面带给空间的性格和表情。所有这些都是我们进行空间的情感表现和主题表达的重要视觉手段。尽管包括表面的起伏、图案、色彩和质感等在内的每一项视觉特征都会对空间的性格产生各自的影响，但在实际的空间当中它们并不孤立，而是在相互的影响之中共同起作用。

五、空间与光

光在为空间内部提供足够照度的同时，还对塑造型体、刻画质感和营造气氛起着决定性的作用。光在表现形体和空间的同时也表现着自身，其艺术的表现力在与形体和空间的互动中得以呈现。光不仅是能量的来源，还有着创造特殊空间意义和独特空间体验的力量。

依据光源的不同，光可分为自然光和人工光两种最基本的类型。在完全封闭的情况下和在夜晚时，空间都依赖于人工光照明。

我们知道，太阳的位置随着一天中的时间和一年中的季节变化而变化。这一特性使自然光在室内空间中呈现出时间性的特征。通过对不同季节和朝向上清晨、正午和傍晚阳光在室内空间中的位置、强度和色彩的感知，我们可以建立起时间与空间方位之间的对应关系。空间的形态只有与太阳光的光照特性相适应，才能借助自然光的力量将空间的艺术潜质充分表现出来。

空间围护面的形态不仅影响空间的围合程度，还对空间的光照效果产生直接的影响。空间围护面上的开洞面积越大，空间也就越明亮，空间的通透性和开放程度也越高；反之，空间就越昏暗，空间性质也越趋于封闭和内向。空间围护面开洞的位置，还决定了空间对自然光的引入方式，进而影响空间内部的光环境结果。在决定空间的光照效果时，洞口的位置和朝向，甚至比它的尺寸更为重要。

依据光照的不同要求，我们一般采用直接、间接与混合三种采光和照明方式。洞口朝向太阳光直接照射的方向开启就能够很容易地得到自然直射光线。直射光可以提供相当充足的采光，并且可以形成非常强烈的光照和阴影效果。但与此同时，直射光也会形成过于强烈的眩光等负面影响。在空间顶部或背向直射光的一侧围护面上开启洞口，以及利用朝向直射光照的墙面对空间内部进行反射，都可以为空间提供更为间接的照明。在这种情况下，空间中的光线会比较柔和，形成较为均匀的漫射光照效果。直接照明对于表现形体的起伏和空间的立体感十分有效，而间接照明则对于营造或柔和或神秘的空间氛围很有帮助。

在实际的空间设计过程中，往往是结合空间的形态和布局，将多种照明方式混合使用来达到丰富而多样的光照效果。在形成明与暗的节奏变化过程中，烘托环境气氛，诠释空间主题。

第二章　室内设计理论分析

第一节　室内设计的概论

一、概念界定

（一）设计

"设计"有多种解释。据《辞海》解释，设计是指根据一定的目的要求预先设定的草图、方案、计划等。事实上，设计是人为的思考过程，是以满足人的需求为最终目标，是在明确目的引导下的有意识的创造行为，是对人与人、人与物、物与物之间关系问题的求解，是生活方式的体现，是知识价值的体现。

（二）环境设计

环境设计，又称"环境艺术设计"，是一门关乎人类行为心理和环境互动的新学科，突破了传统意义上室内设计、建筑设计、园林设计和城市规划设计等之间的藩篱，从整体上更关注环境的可持续发展。与建筑设计相比，环境设计更注重建筑室内外环境艺术气氛的营造；与城市规划设计相比，环境设计更注重规划细节的落实与完善；与园林设计相比，环境设计更注重局部与整体的关系。环境艺术设计是"艺术"与"技术"的有机结合体。

（三）建筑设计

建筑设计是指对建筑物的结构、空间及造型、功能等方面进行的设计，包括建筑工程设计和建筑艺术设计。它是按照建设任务，将施工过程和使用过程中所存在的或可能发生的问题事先做好整体设想，拟好解决这些问题的办法和方案，并以图纸和文件的形式表达出来，以此作为备料、施工组织工作和各工种在制作、建造工作中互相配合协作的共同依据，并使建成的建筑物充分满足使用者和社会所提出的各种要求。

（四）室内设计

室内设计自身的发展历史并不太长，对其概念也有种种不同的解释。

《世界百科全书》对室内设计的解释是："一种使房间生动和舒适的艺术……当选择和安排妥善的时候，可以产生美观、实用和个别性的效果。"

《美国百科全书》中的解释是："室内装饰是实现在直接环境中创造美观、舒适和实用等基本需要的创造性艺术。"

《中国大百科全书——建筑·园林·城市规划卷》将室内设计解释为："建筑设计的组成部分，旨在创造合理、舒适、优美的室内环境，以满足使用和审美的要求。室内设计的主要内容包括建筑平面设计和空间组织、围护结构内表面（墙面、地面、顶棚、门和窗等）的处理，自然光和照明的运用以及室内家具、灯具、陈设的选型和布置。此外，还有植物、摆设和用具等的配置。"

《辞海》把室内设计定义为："对建筑内部空间进行功能、技术、艺术的综合设计。根据建筑物的使用性质（生产或生活）、所处环境和相应标准，运用技术手段和造型艺术、人体工程学等知识，创造舒适、优美的室内环境，以满足使用和审美要求。"

当代学者认为："室内设计是建筑设计的继续、深化和发展。室内设计所包含的主要内容有室内空间设计、室内建筑构件的装修设计、室内陈设品设计、室内照明和室内绿化五大部分。"

还有学者认为："室内设计是对建筑空间的二次设计，它还是建筑设计在微观层次的深化与延伸，是对建筑内部围合的空间的重构与再建，使之能适应特定功能的需要，符合使用者的目标要求，是对工程技术、工艺、建筑本质、生活方式、视觉艺术等方面进行整合的工程设计。"

归纳国内外各家论述和对室内设计的解释，可以把室内设计简要地理解为是对建筑内部空间进行的设计，是为了满足人类生活、工作的物质要求和精神要求，根据建筑物的使用性质、所处环境和相应标准，运用物质技术手段和美学原理，为提高生活质量而进行的有意识的营造理想化、舒适化的内部空间的设计活动。这样的内部空间环境既具有使用价值，能够满足相应的功能要求，同时还能延续建筑的文脉和风格，满足环境气氛等精神方面的多种需要。

室内设计与大众认可的室内装饰、室内装修等概念有所区别。相对于室内设计而言，后两者均较为狭隘和片面，不能涵盖室内设计的总体概念。室内装饰是为了满足视觉艺术要求而对空间内部及围护体表面进行的一种附加的装点和修饰，以及对家具、灯具、陈设的选用配置等；室内装修则偏重材料技术、构造做法、施工工艺以及照明、通风设备等方面的处理。

而室内设计则是以人在室内的生理、行为和心理特点为前提，综合考虑室内环境的各种因素来组织空间，包括空间环境质量、空间艺术效果、材料结构和施工工艺等，并运用各种技术手段结合人体工程学、行为科学、视觉艺术心理，从生态学的角度对室内空间做综合性的功能布置及艺术处理。

目前，室内设计已逐渐成为完善整体建筑环境的一个重要组成部分，是建筑设计不可分割的重要内容。由于受建筑空间的制约，室内设计应综合考虑功能、形式、材料、设备、技术、造价等多种因素，既包括视觉环境，也包括心理环境、物理环境、技术构造和文化内涵的营造。室内设计是物质与精神、科学与艺术、理性与感性并重的一门学科。

二、室内设计师

了解了室内设计的概念，下面我们再来了解什么是室内设计师，作为室内设计师应具备怎样的能力。室内设计师涉及的工作要比单纯的装饰广泛得多，他们关心的范围已扩展到生活的各个方面，如住宅、办公室、旅馆、餐厅的设计，提高劳动生产率，无障碍设计，编制防火规范和节能指标，提高医院、图书馆、学校和其他公共设施的使用效率。

职业室内设计师应该受过良好的专业教育，具有相应的工作经历和经验并且通过相应的资格考试，具备完善内部空间的功能和质量的能力。为达到改善人们生活质量，提高工作效率，保障公众的健康、安全与福利的目标，一名合格的室内设计师应具有以下八个方面的能力：

第一，分析业主的需要、目标和有关生活安全的各项要求。

第二，运用室内设计的知识综合解决各相关问题。

第三，根据有关规范和标准的要求，从美学、舒适、功能等方面系统地提出初步概念设计。

第四，通过适当的表达手段发展和展现最终的设计建议。

第五，按照通用的无障碍设计原则和所有的相关规范，提供有关非承重内部结构、顶面、照明、室内细部、材料、装饰面层、家具、陈设和设备的施工图以及相关专业服务。

第六，在设备、电气和承重结构设计方面应与其他有资质的专业人员进行合作。

第七，可以作为业主的代理人准备和管理投标文件与合同文件。

第八，在设计文件的执行过程中和执行完成时，应承担监督和评估的责任。

作为专业的设计人员，室内设计师应有自己的相关组织，并依托这些组织开展相关的业务活动和学术交流。中国建筑学会室内设计分会成立于20世纪80年代末，是获得国际室内设计组织认可的中国室内设计师的学术团体，是中国室内设计最具权威的学术组织。学会的宗旨是团结全国的室内设计师，提高中国室内设计的理论与实践水平，探索具有中国特色的室内设计道路，发挥室内设计师的社会作用，维护室内设计师的权益，发展与世界各国同行间的合作，为我国的建设事业服务。学会成立以来，每年都举办丰富多彩的学术交流活动，为室内设计师提供学习和交流的机会，同时也为室内设计师提供丰富的设计信息及各类大型赛事信息，使中国的室内设计行业能更好更快地发展。

三、室内设计的目的与任务

（一）室内设计的目的

室内设计的主要目的是把建筑及其相关室内空间的功能美和艺术美结合起来，在构成各种使用空间的同时，提高建筑及其相关室内空间的环境质量，使其更加适应人们在各个方面的需求。这个目标的实现需要两个方面，即物质功能和精神功能。一方面，要合理提高建筑及其相关室内空间环境的物质水准，以满足人们的使用功能；另一方面，要提高建筑及其相关室内空间的生理和心理环境质量，使人在精神上得到满足，以有限的物质条件创造尽可能多的精神价值。

实现物质功能的目标，包含室内设计实用性与经济性两个方面的内容。其中实用性就是要解决室内设计在物质条件方面的科学应用，诸如建筑及其相关室内环境的空间计划、家具陈设以及采光、通风、管道等设备必须合乎科学、合理的法则，以提供完善的生活效用，满足人们的多种生活需求；经济性则是要提高室内设计的效率，具体体现在对室内设计的人力、财力、物质设备等方面的投入必须经过严格预算，确保财力资源发挥最大的效益。

实现精神功能的目标，包含室内设计在艺术性和特色性两个方面的内容。其中艺术性是指室内设计的形式原理、形式要素，即造型、色彩、光线、材质等。室内设计要达到具有愉悦感、鼓舞精神的效果，特色性是指室内设计在空间的形态、性格塑造中能够反映出不同空间的个性与特色，使室内设计能够满足和表现其独特的空间环境内涵，使人们在有限的空间里获得无限的精神感受。

（二）室内设计的任务

任何设计都不应该是简单的、重复的图形制作活动，它必须建立在创新设计的基础之上，其最大目标在于改善人类的生活。室内设计也不例外，在室内设计中，考虑问题的出发点和最终目的都是为人类服务，满足人们生活、生产活动的需要，为人们创造理想的室内空间环境，使人们生活在其中能够感受到关怀和尊重。

室内设计的任务就是运用建筑及其相关室内空间技术与艺术的规律、构图法则等美学原理，寻求具体空间内在美的规律，创造人为的优质环境，改善人们的生活、工作、学习、休息等功能条件。室内设计是有目标地将人与物、物与物、人与人之间的关系重新统筹定位，在常规生活模式中寻找扩展新空间形式的可能性。

另外，室内设计的任务还与人的行为相互制约，符合对应的情感需求。它不在于多么奢华或多么简洁，也不在于通过什么方式来实现，设计的空间只要能使人有一种依赖、有一种寄托，那么为人类创建的生活环境就有了新的存在层面和内涵。室内设计的任务中，"人"是室内设计的主角，一切物化形式都是人的陪衬与依托。那些仅仅将室内设计的任务理解为美化或装饰、局限于满足视觉要求的看法是十分片面的。

四、室内设计的原则

室内设计要以人为核心，在尊重人的基础上，体现对人的关怀，如空间的舒适性、安全性、人情味，对老人、儿童和残疾人的关注等，这些不仅包括以人为本的功能使用要求、精神审美要求，还包括经济、安全和方便的要求，各要素间是一种辩证而统一的关系。

（一）功能性原则

在考虑功能性原则时，首先要明确建筑的性质、使用对象和空间的特定用途。是对外，还是对内；是属于公共空间，还是私密空间；是需要热闹的气氛，还是宁静的环境等。由于功能要求的不同，设计的做法也不相同，表现的方式更是不同。室内设计的基本功能包括休息、睡眠、饮食、会客、群体、私密、外向、内敛等不同特点的分区；平面布局包括各功能区域之间的关系，各房室之间的组合关系，各平面功能所需家具及设施、交通流线、面积分配、平面与立面用材的关系、风格与造型特征的定位、色彩与照明的运用等。

（二）精神性原则

人们总是期望能够按照美的规律来进行空间环境的塑造，这就需要设计师在满足使用者的精神要求方面下功夫，使空间能为人们提供一个良好的视觉环境。如果室内空间不符合视觉艺术的基本要求，就根本谈不上美，也就无法成为一个优秀的设计作品。在设计时既不能因强调设计在文化和社会方面的使命及责任而不顾使用者的需求特点，也不能把美庸俗化，这需要有一个适当的平衡。另外，在美的基础上，还应该强调设计在创意上的要求，必须具有新颖的立意、独特的构思，具有个性和独创性。只有这样的作品才能真正称得上是优秀的设计作品。

（三）经济性原则

经济性原则就是在设计和工程造价方面把握一个总控，应根据建空间性质的不同以及用途来确定设计标准，不要盲目提高标准，单纯追求艺术效果。重要的是，在同样的造价下，通过巧妙的构造设计达到良好的实用于艺术效果。这就要求以最小的消耗达到所需的目的。设计要为大多空间谋求一个均衡点。但无论如何，降低成本不能牺牲空间效果，而是应真正地体现人性化的要求。

（四）安全性原则

人的安全需求可以说是仅次于吃饭、睡觉等，包括个人私生活不受侵犯、个人财产和人身安全不被侵害等。室内空间的设计尤其要满足人的安全需求。无论是墙面、地面还是顶棚，其构造都要具有一定强度和刚度，符合设计要求，特别是各部分之间连接的节点更要安全可靠。此外，喷淋、烟感报警等安全装置，以及家用电器等设备要最大限度地利用现代科学技术的最新成果，满足人的安全需求。

（五）方便性原则

方便性原则主要体现在对交通流线组织、公共设施的配套服务和服务方式的方便程度方面。在室内设计中，交通流线组织不仅要满足使用者的出行需要，也要为必须进入的交通工具提供方便。同时，在室内功能空间、交通空间、休息空间、绿化空间最大限度地满足功能所需的基础上，还要考虑公共服务设施为使用者的生活所提供方便的程度。

第二节　室内设计的方法

一、室内设计方案演变

从设计师初步的设计思路到方案表达，想象、意象的加工，在这个过程中，设计师的创意思维与设计意识是片段性的。设计的孵化过程也是概念的演变阶段。这一阶段的思维是高度谨慎和个性化的，有时模糊迷离，有时又思如潮涌，这就需要马上利用手绘这种有效、快速、方便的记录手法来记录灵感。手绘既是一种最快速、最直接、最简单的反映方式，又是一种动态的、有思维的、有生命的设计语言。艺术通感又称通觉、联觉、移觉或连带感觉，指的是从感知、表象到意象的各种感觉挪移、转化、渗透、互通的审美体验过程，它是不同感觉的相通与挪借，是社会生活实践经验积累的结果。在设计创意孵化的这一阶段还要提出一个合理的初步设计概念，也就是艺术的表现方向。

设计转化过程是一种理念分析与探讨，是将设计效果在实践中的每个步骤、细节都刻画出来，并且在图纸阶段就能严格把控将来的设计作品，尽可能地减少施工过程中所产生的纰漏及错误，达到高效可靠，提升效率及品质的目的，最后得到完美的设计作品。设计师所做的每一个设计项目都要有新的创意过程，都要解决新的方案问题，而这些新的方案都来自某种观念元素的演化或修正，或来自创意素材的收集和大量的工作总结，或来自设计师对特性的理解。纯熟地运用这些基本元素，才能让新的设计概念行之有效。无论多大胆的创新，都建立在许多可靠的节点上，而正是这些可靠经验的积累才能让设计作品经得住时间的考验，甚至超越潮流的限制。

（一）概念转化为图像语言

概念的基本功能是传达意义，是人类思维长期抽象化的结果，是思维巨大成就的标志。语言是人类最重要的交流工具，与思维有着密切的联系，语言以传达意义为基本目的，视觉形式则以自身的空间和物质形态来传达设计理念，并成为传承历史和文明的物质载体。

在创作实践中，设计师、造型艺术师常常使用"建筑语言""造型语言"等，指的就是形式语言与其对象物之间存在的某种对应关系，而这种关系使形式语言成了对话与交流的信息工具。正因为有了这样的工具，才使建筑设计、室内设计的创作不只为人们提供生活空间和物质实体，也凝结了人们的意志和情感，通过视觉符号被人感知，再通过形式语言相互融合，最终形成新的创作实体。

1. 概念的形成

在概念形成阶段，我们将文字信息转化为图像语言。图形传递信息的速度要比语言文字快，运用图形语言可以提高工作效率；另外，图形语言的训练还能够提高设计师的形象思维能力。发现"有价值"的问题本身有时候比"解决问题"更重要。这要求设计师具备创造性思维能力及敏锐的洞察力。

2. 方案的孵化

面对一个设计项目，设计师要有与众不同的思路与想法，将构思演变为一个引人入胜的"构想方案"，这样，一件室内设计作品方得以完成。如果用动物来形象地比喻艺术门类，那室内设计属于水里的"鱼"类，虽然产"卵"很多，但能存活下来的只有少数。首先，不是所有的"卵"都能孵化出小鱼来，就像不是所有的"想法"都能够变为设计方案一样；其次，那些幸运地被孵化出的小鱼要长大也不是一件容易的事，设计师的作品有可能被永远停留在图纸上。

方案的孵化阶段，图像语言指可视化图形，即二维图形（平、立、剖面图，节点样图等）和三维图形（透视图、外观效果图、轴侧图等）。选择思维过程体现于多元图形的对比优选。对比优选的思维过程建立在综合多元的思维渠道以及图形分析的思维方式之上。众多的信息必须经过层层过滤，才能把"卵"孵化出来。

3. 方案的协调性

设计所面临的难题是如何在施工尚未开展的情况下，用自己的设计作品打动业主以使作品得以实施。对于设计方案来说，这关乎生死存亡，室内设计思维的表达对于设计师而言，其重要性是不言而喻的。设计思维需要用一定的方式表达出来，室内设计的过程也是"设计思维"不断地被设计师"表达"出来的过程。

室内设计的过程也是一个极为复杂的系统工程，需要诸多方面的沟通和协调：

第一，与业主的相互协调。

第二，与各技术工种之间的相互协调。

第三，与施工单位各工种之间的相互协调。

在实际设计过程中，这些问题往往相互交叉、重叠，呈现出一种无序的纷乱状态。当我们面对一个设计项目时，面对诸多复杂的问题如何去全面地综合各方面因素，在整个设计过程中如何较为科学地思考与表达自己的构想就显得尤为重要。设计师的设计过程由以下两种工作状态组成：一种是外部工作状态（如现场调研、查阅资料、研讨方案、勾画草图等）；另一种是内部的工作状态（思维的过程）。"内部的工作状态"是思考的过程，"外部工作状态"是为思考提供素材及对思考成果的表达。

4. 方案的先导作用

设计方案可以是超前意识的体现，在熟悉市场运作规律和潮流趋势变化的同时，对未来几年甚至是更长时间内可能出现的消费群体的使用信息做相应的预测，得出未来设计的发展方向，通过设计向人们展示一种新的生活态度，引导消费，使设计对市场产生导向作用。从物质技术的角度来看，有的设计虽然在理论上行得通，由于现有技术的限制，还不能付诸实践，尚停留在图纸阶段，但是当相应的技术能够实现，其价值就会显现出来。未来的建筑应该是工业化面貌的居住和工作中心，未来设计的预想图充满了高科技的工业细节特征，虽然大多数设计仍停留在图纸阶段，但其大胆的设想为之后的现代建筑找到了发展方向和理论依据。当然，功能空间的设计立足现有技术的开发同样重要，毕竟设计是时代文化的侧影，代表了某一时间段的人们所特有的情感倾向和时尚诉求。一方面是理想的元素，另一方面是现有技术的结果，双方互为补充，共同构成概念设计的主要内容。

（二）方案视觉语言的形成

在方案成型阶段，设计师需要将前期找到解决"问题"的"思路与想法"转化为"视觉形式语言"，设计师对项目的整体认识也应由感性阶段向理性的纵深阶段发展。一方面，设计思维的内容在从整体到局部一个层面接着一个层面逐步地被表现出来；另一方面，随着"认识"的提高，设计师会重新审视自己的"设计思路"，并且对先前的"设计构想"做出必要的补充与调整。

不同设计语言的表达方式在于体验空间的相互关系。只有观察、研究、通过视角对空间层次进行移动，才能更直观地看到空间与人之间的互动关系，才能更清晰地认识到设计语言与人心灵的交流。

自始至终，设计师都在协调多种因素的关系，为取得最终的成功而努力，"协调"的方式有很多种，有"对比""均衡""取舍"等，由设计师的悟性而定。"协调"不单是一种理论，更是解决实际问题最常用的设计语言与方法。解决实际问题的方法与抓住人生机会的方法一样，必须在机会出现前就做好充分准备，这样才能抓住稍纵即逝的时机。

二、室内设计方法的表达形式

（一）文字表达

设计师须写出设计说明及文字注解。

（二）渲染图表达

形式不限，表达具有多样性。目前较为流行 CG 渲染图表达。

（三）平、立、剖等技术性图纸的表达

通过平面图到立面图、剖面图及轴侧图等技术性图纸的表达，使人们对设计有了全面的认识与了解。平、立、剖面图是对设计方案片段的分解，这样会很方便地运用标注尺寸、制定比例等对设计方案进行"描述"，有很强的实用性。

（四）模型表达

模型表达以其较为精确的完整性、真实性与直观性而在本阶段被设计师加以利用，模型的直观效果远非可视化图形表达所能够达到的。对于非专业人士来说，观察模型是对设计进行评价与决策的最佳途径。模型还具有很强的展示性及广告宣传效果，在工程项目的推广上发挥着积极作用。

（五）计算机辅助设计

随着计算机相关软件的技术进步与计算机的日益普及，计算机三维动画的表达已经成为设计成型阶段的主流表达方式。计算机表达在一定程度上已经代替了手工绘制的平、立、剖面图。此外，计算机的三维动画漫游模拟技术还能够精确地虚拟设计方案落成后的实际空间效果。

在室内设计创意过程中，计算机辅助技术已经给室内设计表达带来巨大的变革，并在设计思维的表达中发挥着日益重要的作用，设计师运用相关的技术软件模拟设计方案的真实效果，为设计师完善其设计构思提供了有力的依据。计算机辅助设计的最大优点是虚拟效果的"写实性与客观性"，计算机的弱点也很明显，即"设计思维"与"表达设计"两者之间的距离显得"大"了些，这种"思维"与"表达"之间的互不同步极大地限制了计算机在设计构思阶段的应用。计算机拥有巨大的信息存储和检索功能，可以通过互联网给设计师带来巨大的信息来源，使设计师可以在信息数据库中快速地查询有效信息，获取全面而有价值的信息资料来促进思考。计算机在分析设计条件、通过建模模拟环境等方面也为设计思考提供了便利。在创造性的构思阶段，计算机可以将设计构想概念化、形象化，并通过三维概念模型来研究设计要素，通过模型生成可多视觉评判的图形及各类复杂空间的投影图、剖视图等。

计算机三维模型和渲染以及数码技术巨大的表现力还可从不同角度全面地反映其环境艺术设计创意及概念设计成果。

三、室内设计方法的实施

室内空间形态的设计必须依赖实体的塑造，这是空间形态构成要素之一，装饰材料以实体或实体表皮的形式出现，材料的质感、肌理、色彩经过不同手段的处理，在光影效果和结构方式的作用下，呈现多种不同的性格和特征，赋予空间某种气质和品位。将设计的二维世界改变为现实的三维世界，让艺术更贴近我们的生活，是通过不同的装饰材料传达出不同的装饰效果。至此，材料的质感和肌理效果已经越来越受到人们的关注，如何使设计效果更有新意并达到设计师追求的目标，对材料的选择至关重要。

当代设计在材料的运用上更为宽泛和多元，并作为主要的媒介表达空间的精神和意念。作为设计师要善于对材料的表现力进行探索，善于利用普通的材料来创造不普通的建筑空间。

（一）材质

1. 材质的两层含义

第一，材指材料，质指质感。所谓质感，通常指物体表面的感觉，是由特有的色彩、光泽、形态、纹理、冷暖、粗细、软性和透明度等多种因素形成的，属于视觉与触觉的范畴。

第二，各种材料都通过质感来表达材料本身的特性，材质可分为纯粹自然的材质（如木材、竹材、岩石等）与人工材质（如 PVC、玻璃、金属等）。各种材质均具有不同的复杂属性，即使同类材质的性质也有差别。如一些现代建筑采用与周边环境相关的自然材料，象征了久违的田园生活和触觉品质。再如锯木时，应注意木纹的位置和方向，木纹纹理的改变会使造型呈现截然不同的形象，有花纹的天然石材也是一样。

在室内设计中，设计师会运用不同的材料来营造不同的空间气氛，和谐或对比，温暖或冰冷，回归自然或高科技等。这些不同的信息可以通过材料传达给我们，使设计师的抽象理念超越物质本身而转化为一种具体可视的事实。室内设计正如工业产品的设计一样，要想获得成功，必须有它与众不同的表现形式，而这种不同的形式都是以"材料"为载体，通过设计来完成的。

2. 材质的肌理

肌理是指材料本身的肌体形态和表面纹理，是质感的形式要素，能够反映材料表面的形态特征，使材料的质感体现更具体、形象。质地是质感的内容要素，是物面的理化类别特征。在细节上，包括结实或松软、细致或粗糙等。坚硬而表面光滑的材料如花岗石、大理石可以表现出严肃、有力量、整洁之感。富有弹性而松软的材料如地毯及纺织品则给人以柔顺、温暖、舒适之感。同种材料不同做法也可以取得不同的设计质感效果，如粗犷的集料外露混凝土和光面混凝土墙面呈现出迥然不同的质感。带有斧痕的假石带来有力、粗犷、豪放的感受；反射性较强的金属质地坚硬牢固、张力强大、冷漠且美观新颖、高贵，具有强烈的时代感；纺织纤维品如毛麻、丝绒、锦缎与皮革质地给人以柔软、舒适、豪华典型之感；清水勾缝砖墙面使人产生浓浓的乡土情；大面积的灰砂粉刷墙面平易近人，整体感强；玻璃则使人产生一种洁净、明亮和通透之感。设计可从材质表面的可视属性即色彩、纹理、光滑度、透明度、反射率、折射率、发光度等物理、化学等方面来提出设计的构思创意。

不同材料的材质决定了材料的独特性和相互间的差异性。在装饰材料的运用中，人们往往利用材质的独特性和差异性来创造富有个性的室内空间环境。

（二）材质的组合

材料是室内设计表达的载体之一，是影响室内设计整体效果的关键因素。材料的肌理、色彩、质感对室内空间气氛的营造和空间风格、功能、色彩的表达有着非常重要的作用。材料是设计创意中最为重要的因素，是设计师设计思想的表达元素之一。不同的材料可以用其不同的颜色、肌理、质感来营造不同的空间感觉。不同的材料也可以表达不同的空间风格、功能、情感等。材料是空间环境的物质承担者，材质的美只有通过与空间环境的组合才能实现。另外，缺少材质，造型则无法实现，更不会呈现整个空间环境的设计美感。

同时，在构成室内空间环境的众多因素中，各界面装饰材料的质感对室内环境的变化起到重要作用。质感包括形态、色彩、质地和肌理等几个方面。要形成个性化的现代室内空间环境，设计师不必刻意运用过多的技巧处理空间形态和细部造型，而是应主要依靠材质本身的元素来体现设计，重点在于材料肌理与质地的组合运用。营造具有特色的、艺术性强的、个性化的空间环境需要若干种不同的材料组合起来进行装饰，把材料本身具有的质地美和肌理美充分展现出来。新时代的设计在材料的运用上更为宽泛和多元，并作为主要的媒介来表达空间的精神和意念。优秀的设计师从未停止过对材料表现力的探索，善于利用普通的材料来创造不寻常的建筑空间。

在装饰材料质感的组合的实际运用中，表现为三种方式，见表 2-1。

表 2-1　装饰材料质感的组合

组合	方式
同一材质感	如采用同一木材饰面板装饰墙面或家具，可以采用对缝、拼角的手法，通过肌理的横直纹理设置、纹理的走向、肌理的微差、凹凸变化来实现组合构成关系
相似质感材料	同属木质感的桃木、梨木、柏木因生长的地域、年轮周期的不同，故而形成的纹理也存在差异。这些相似肌理的材料组合在环境效果中起到中介和过渡作用
对比质感	几种质感差异较大的材料组合会得到不同的空间效果。例如，将木材与其他自然材料组合，很容易达到协调，即使同一色调也不会显得单调。典型的例子如设计中以木材和乱石装饰墙面，会产生粗犷的自然效果；而将木材与人工材料组合应用则会在强烈的对比中充满现代气息，如木地板与素混凝土墙面组合，或与金属、玻璃隔断组合就属此类。体现材料的材质除了用材料对比组合手法外，还可以运用平面与立体、大与小、粗与细、横与直、藏与露等设计技巧以产生相互烘托的作用

（三）材料样板配置

材料板的配置是根据项目的不同性质来进行合理的配置。现今是多种技术并存的时代，高新技术与传统技术共存发展、融会贯通。现代材料配置需要技术精细且综合性强。

第三节 室内设计与人体工程学

一、人体工学的概念、特点及其作用

（一）人体工学的概念

人体工学，又称人体工程学，它是以人类心理学、解剖学和生理学为基础，综合多种学科研究人与环境的各种关系，使生产器具、生活器具、工作环境、生活环境等与人体功能相适应的一门综合性学科。人体工学研究的是如何通过建立合理的尺度关系来营建舒适、安全、健康、科学的生活环境。它也应用人体测量学、人体力学、劳动生理学、劳动心理学等学科的研究方法对人体结构特征和机能特征进行研究，提供人体各部分的尺寸、质量、体表面积、密度、重心以及人体各部分在活动时的相互关系和可及范围等人体结构特征参数。它还可提供人体各部分的出力范围、活动范围、动作速度、动作频率、重心变化以及动作时的习惯等人体机能特征参数，分析人的视觉、听觉、触觉以及肤觉等感觉器官的机能特性，分析人在各种劳动时的生理变化、能量消耗、疲劳机理以及人对各种劳动负荷的适应能力，探讨人在工作中影响心理状态的因素以及心理因素对工作效率的影响等。

（二）人体工学的特点

人体工学的显著特点是在认真研究人、机、环境三个要素本身特性的基础上，不单纯着眼个别要素的优良与否，而是将使用"物"的人、所设计的"物"以及人与"物"所共处的环境作为一个系统来研究。人体工学将这个系统称为人、机、环境系统。这个系统中，人、机、环境三个要素之间相互作用、相互依存的关系决定着系统的总体性能。室内设计中的人机系统设计理论就是科学地利用三个要素间的有机联系来寻求建筑与室内围合界面的最佳参数。

（三）人体工学的作用

从室内设计这一范畴来看，商业建筑空间、酒店建筑空间、办公建筑空间、居住建筑空间等设计中各种生产与生活所创造的"物"，在设计和构建时都必须把"人的因素"作为一个重要的条件来考虑。若将室内设计作为独特的人文环境考虑，室内家具构造尺度关系不仅涉及生理学的层面，而且要考虑心理学层面，需要符合美学及潮流的设计，也就是应以室内人性化的需求为主，在满足基本尺度关系的前提下，探寻更为美观舒适的空间。这些因素除了美学及潮流的设计以外，主要还是依靠科学的方法来确定室内空间尺度、形体、陈设等方面的具体形态与数值关系。人体工学的主要作用表现在以下四个方面：

1. 为室内空间范围提供依据

人的活动范围以及家具设备的数量和尺寸是影响室内空间大小、形状的主要因素之一。因此，在确定室内空间范围时，必须清楚使用这个空间的人数、每个人需要多大的活动面积、空间内有哪些家具设备，以及它们各自所占用的空间面积有多少等。

2. 为室内空间家具设计提供依据

室内空间家具设施使用的频率很高，与人体的关系十分密切，因此，它们的形体、尺度必须以人体尺度为主要依据；同时，为了便于人们使用这些家具和设施，必须在其周围留有充分的活动空间和使用余地，这些都与人体工学有密切的关系。因此，为室内空间进行家具设计必须以人体工学作为指导，并尽可能使家具设计与选择能够符合人体的基本尺寸和从事各种活动需要的尺寸。

3. 为确定人在室内空间中的感官适应提供依据

人的感觉器官在什么情况下能够感觉到刺激物、什么样的刺激物是可以接受的、什么样的刺激物是不能接受的，这也是人体工学需要研究的一个重要课题。而人的感觉能力是有差别的，从这个问题出发，人体工学既要研究人在感觉能力方面的规律，又要研究不同年龄、不同性别的人在感觉能力方面的差异。

4. 为室内视觉环境设计提供科学依据

室内视觉环境是室内设计领域一项十分重要的内容，人们对室内环境的感知很大程度上是依靠视觉来完成的。人眼的视力、视野、光觉、色觉是视觉的几项基本要素，人体工学通过一定的实验方法测量得到的数据对室内照明设计、室内色彩设计、视野有效范围、视觉最佳区域的确定提供了科学的依据。

二、人体尺度的测量及其应用

由于人在室内的生活行为多种多样，所以人体的作业行为和姿势也是千姿百态的，如写字、睡眠、谈话、休息、行走等，如果将这些行为进行归纳和分类，可以推理出许多规律性的东西来。人的行为与动态可以分为立、坐、仰、卧四种类型的姿势，各种姿势都有一定的活动范围和尺度。为了便于掌握和熟悉室内设计的尺度，这里通过人体测量对人体尺度加以分析和研究。

（一）人体的基本尺度

众所周知，不同国家、不同地区人体的平均尺度是不同的，尤其是我国幅员辽阔、人口众多，很难找出一个标准的中国人尺度，所以我们只能选择我国中等人体地区的人体平均尺度加以介绍，以便于针对不同地区的情况。

（二）人体活动的姿态和动作

人体活动的姿态和动作是无法计数的，但是在室内设计中，我们只要控制了它主要的基本动作，就可以作为设计的依据了。如遇到特殊情况，可按实际需要适当增减。

（三）人体活动所占的空间尺度

这是指人体在室内环境的各种活动所占的基本空间尺度，如坐着开会、拿取东西、办公、弹钢琴、擦地、穿衣、厨房操作、卫生间中的动作和其他动作等。

（四）立的人体尺度

立的人体尺度主要包括通行、收取、操作等三个基本内容。

（五）坐的人体尺度

人坐着的行为状态是室内设计中大量存在的现实，因此，研究坐的人体工学就显得十分重要。这里主要涉及高度、压力分布、范围和角度等方面的问题。

（六）卧的人体尺度

躺卧行为是人类活动最为普遍、最为现实的现象。其与家具尺度、质地和人的直观印象、感觉有很大关系，如市场出售软弹簧的睡垫，人们往往认为越软越合适，其实这是一种误解。因为越软的睡垫，人陷得越深，几乎身体的大部分都要接触并承受垫子的压力，而没有转换休息的余地。实验证明，健康的人睡觉一夜要翻身 20～40 次，因此，不同材料质地的睡垫由于软硬程度不同，对人的睡眠影响也就不同。另外，人睡眠的最佳姿势是仰卧时背部与尾骨之间呈直线关系，这时腰部与睡床之间的距离是 3cm。而直立时，后背与尾骨之间的直线与腰部的距离是 4～6cm。

第四节 室内设计与环境心理学

一、环境心理学及其研究内容

环境心理学是研究环境与人的行为之间相互关系的学科，它着重从心理和行为的角度探讨人与环境的最优状态，即怎样的环境是最符合人们心意的。

环境心理学是一门新兴的综合性学科，于 20 世纪 60 年代末在北美兴起，此后，先在英语区，后在全欧洲以及世界各地迅速传播和发展。它研究的内容涉及多门学科，如医学、心理学、社会学、人类学、生态学及城市规划学、建筑学、室内环境学等。

环境心理学非常重视生活于人工环境中人们的心理倾向，把选择环境与创建环境相结合，着重研究下列问题：

第一，环境和行为的关系。

第二，怎样进行环境的认知。

第三，环境和空间的利用。

第四，怎样体验和评价环境。

第五，在特定环境中人的行为和感觉。

对室内设计来说，室内空间就是因人的需要而设立的，它满足了人多方面的需求，同时也构成了对人行为的规范限定，使人产生不同的感受。研究环境心理学的目的就是研究如何组织空间，设计好界面、色彩和光照，处理好室内环境，使之符合人们的心愿。

二、室内空间中人的心理与行为

人在室内环境中，尽管其心理与行为有个体之间的差异，但从总体上分析，仍然具有共性，仍然具有以相同或类似的方式做出反应的特点，这也正是我们进行设计的基础。下面列举六项室内环境中人们心理与行为方面的情况。

(一) 领域性与人际距离

领域性原是动物在环境中为取得食物、繁衍生息等的一种适应生存的行为方式。毕竟人与动物在语言表达、理性思考、意志决策与社会性等方面有本质的区别，但人在室内环境中的生活、生产活动也总是力求其活动不被外界干扰或妨碍。不同的活动有其必需的生理和心理范围与领域，人们不希望轻易地被外来的人与物（指非本人意愿、非从事活动必须参与的人与物）所打扰。

室内环境中个人空间常需与人际交流、接触时所需的距离通盘考虑。人际接触实际上根据不同的接触对象、不同的场合，距离上也有差异。霍尔（E. Hall）以动物的环境和行为的研究经验为基础，提出了人际距离的概念，根据人际关系的密切程度、行为特征确定人际距离，即分为密切距离、个体距离、社会距离、公众距离。每类距离中，根据不同的行为性质，再分为近区与远区，例如，在密切距离（0～45cm）中，亲密、对对方有嗅觉和辐射热感觉为近区（0～15cm）；可与对方接触握手为远区（15～45cm），如表 2-2 所示。当然，由于不同性别、职业和文化程度等因素，人际距离也会有所不同。

表 2-2 人际距离与行为特征（单位：cm）

人际距离	行为特征
密切距离（0～45）	近区 0～15，亲密、嗅觉、辐射热有感觉
	远区 15～45，可与对方接触握手
个体距离（45～120）	近区 45～75，促膝交谈，仍可与对方接触
	远区 75～120，能清楚地看到细微表情的交谈
社会距离（120～360）	近区 120～210，社会交往，同事相处
	远区 210～360，交往不密切的社会距离
公众距离（＞360）	近区 360～750，自然语音的讲课、小型报告会
	远区＞750，借助姿势和扩音器的讲演

领域性与人际距离就好像看不见的气泡一样，它实质是一个虚空间。人在室内进行各种活动时，总是力求其活动不被外界干扰和妨碍，这一点有许多例子可以证明。例如，在酒吧的吧台前，互相不认识的人们总是先选择相间隔的位置，后来的人因为没有其他选择，才会去填补空出的位置；公共汽车上，先上来的人总是先占据中间双排座位其中靠窗的座位，很少有人去坐靠走廊的座位或与陌生人并肩而坐。另外，不同的活动、不同的对象、不同的场合都会对人与人之间的距离远近产生影响。因此，室内空间的尺度、内部的空间分隔、家具布置、座位排列等方面都要考虑领域性和人际距离因素。

（二）私密性与尽端趋向

如果说，领域性主要在于空间范围，那么私密性则更涉及在相应空间范围内包括视线、声音等方面的隔绝要求。私密性在居住类室内空间中的要求更为突出。人口多的家庭卧室一般比较封闭，以保证私密性；在办公空间中，即使采用景观办公的方式，部门负责人的办公室一般也都要单独封闭起来，尽管有时为了监督工作的需要，采用局部透明的隔断，但声音的隔绝是非常必要的。在一些公共场合，虽然私密性的要求不高，但人们仍旧希望自己小团体的活动能够相对独立，而不被陌生人打扰，餐厅的雅座、包房便是基于这一点应运而生的。即便在餐饮建筑的大堂空间里，靠近窗户的带有隔断的位置总是被人先占满，因此，如果牺牲一些面积而在餐桌之间多做一些隔断，将会大大提高上座率。此外，人们常常还有一些尽端趋向。仍以餐厅为例，人们对于就餐座位的选择经常不愿意在门口处或人流来往频繁的通道处就座，而喜欢带有尽端性质的座位。

（三）安全感与依托感

人类的潜意识总有一种对安全感的需要，例如，在悬挑长度过大的雨篷下，尽管人们知道它不会掉下来，却也不愿在其下久留。另外，从人的心理感受来讲，室内空间也不是越大、越宽阔越好，空间过大会使人觉得很难适应，而感到无所适从。通常在这种大空间中，人们更愿意有可供依托的物体。例如，在建筑的门厅空间中，虽然空间很大，但人们多半不会在其间均匀分布，而是相对集中地散落在有能够依靠的边界的地方；在地铁车站也是同样，当车没来时，候车的人们并不是占据所有的空位置，而是愿意待在柱子周围，适当与人流通道保持距离，尽管他们没有阻碍交通。人类的这种心理特点反映在空间中，被称为边界效应，它对建筑空间的分隔、空间组织、室内布置等方面都有参考价值。

（四）从众与趋光心理

从一些公共场所（商场、车站等）内发生的非常事故中可以观察到，紧急情况时，人们往往会盲目跟从人群中领头几个急速跑动的人，不管其去向是否是安全疏散口。当火警响起或烟雾开始弥漫时，人们无心注视标志及文字的内容，甚至对此缺乏信赖，往往是更为直觉地跟着领头的几个人跑动，以致成为整个人群的流向。同时，人们在室内空间中流动时，具有从暗处往较明亮处流动的趋向，紧急情况时，语言的引导会优于文字的引导。

这种心理和行为现象提示设计者在创造公共场所室内环境时，首先应注意空间与照明等的导向；标志与文字的引导固然也很重要，但从紧急情况时的心理与行为来看，应对空间、照明、音响等予以高度重视。

（五）求新与求异心理

人们对于经常见到的或特征不明显的事物往往习以为常，而难以引起兴趣；相反，如果某件事物较为稀罕或特征鲜明，就极易引起人们的注意，这种现象反映了人们的求新和求异心理。格式塔心理学的研究成果表明，较复杂、破损、扭曲的图形往往具有更大的刺激性和吸引力，它可唤起人们更大的好奇。因此，人们总是喜欢新鲜的事物，对其有一种探究的心理。对于一些商业空间来说，就要针对人们的这种求新与求异心理，力求在空间形式上如造型、色彩、灯光和内部空间特色等方面有所创新，从而显示出与众不同的个性，以吸引人们光顾。

（六）交往与联系的需求

人不只有私密性的需求，还有交往与联系的需要。因为人是一种社会性的动物，人与人之间需要交往与联系，完全封闭自我的人，其心态是不会健康的。社会特征会给人带来新的审美观念，如今的时代是信息的时代，更需要人们相互之间的交往与联系，在沟通与了解中不断完善自我。

人际交往的需要对建筑空间提出了一定的要求，要做到人与人相互了解，则空间必须是相对开放、互相连通的，人们可以走来走去，但又各自有自己的空间范围，也就是既分又合的状态。

三、环境心理学在室内设计中的应用

环境心理学在室内设计中的应用面很广，随着相关研究与实践的不断深入，还会不断增加新的内容。这里列举以下三点。

（一）室内设计应符合人们的行为模式和心理特征

不同类型的室内设计应该针对人们在该环境中的行为活动特点和心理需求进行合理的构思，以适合人的行为和心理需求。例如，现代大型商场的室内设计考虑到顾客的消费行为从单一的购物发展为购物、游览、休闲（包括饮食）、娱乐、信息（获得商品的新信息）、服务（问讯、兑币、送货、邮寄……）等综合行为，人们在购物时要求尽可能接近商品，亲手挑选比较。因此，自选及开架布局的商场应运而生，而且结合了咖啡吧、快餐厅、游戏厅甚至电影院等各种各样的功能。

（二）环境认知模式和心理行为模式对组织室内空间的提示

人们依靠感觉器官从环境中接受初始刺激，再由大脑作出相应行为反应的判断，并且对环境作出评价。因此，人们对环境的认知是由感觉器官和大脑一起完成的。对人们认知环境模式的了解结合对前文所述心理行为模式种种表现的理解，能够使设计者在组织空间、确定其尺度范围和形状、选择其光照和色彩的时候，拥有比通常单纯从使用功能、人体尺度等起始的设计依据更为深刻的线索。

（三）室内设计应考虑使用者个性与环境的相互关系

环境心理学既从总体上肯定人们对外界环境的认知有相同或类似的反应，又十分重视作为环境使用者的个人对环境设计提出的特殊要求，提倡充分理解使用者的行为、个性，在塑造具体环境时对此予以充分尊重。另外，也要注意环境对人的行为的引导和对个性的影响，甚至一定意义上的制约，在设计中根据实际需要而掌握合理的分寸。

第五节　室内设计与生态设计学

一、生态设计的概念

生态学是 1869 年由德国学者海格尔提出的一门关于研究有机体与环境之间相互关系的科学。生态学的核心是生态系统学，它具有整体性与联系性的特点。目前，有关生态学的研究已从传统的动植物生态扩展到人与环境之间相互关系的研究。20 世纪 60 年代以后，生态学迅猛发展并向其他科学渗透，逐渐成为一门综合性的科学。生态设计，也称绿色设计或环境设计，是将环境因素纳入设计之中，从而帮助人们确定设计的决策方向。生态设计活动主要包括两方面的含义：一是从保护环境角度考虑，减少资源消耗，实现可持续发展；二是从商业角度考虑，降低成本，减少潜在的责任风险，以提高竞争能力。

就营造结合自然并具有良好的生态循环的室内环境而言，设计时要求以最大限度地减少环境污染为原则，特别注意与自然环境的结合和协作，善于因地制宜、因势利导地利用一切可以运用的因素和高效地利用自然资源，减少人工层次而注意室内自然环境设计。

二、室内生态设计的原则

从本质上讲，生态设计是一种生态伦理观和生态美学观共同驾驭的生态建筑发展观。实践中的室内生态设计应当遵循以下四条原则。

（一）尊重自然的原则

尊重自然是生态设计的根本，是一种环境共生意识的体现。进行室内设计前，首先是对场地进行勘察研究，包括建筑物的朝向、定位、布局、地形地势、场地气候条件影响等综合性研究；其次是对可再生能源的利用，在设计中尽可能地利用可再生能源，如自然采光、通风、太阳能、天然能源等的利用；最后是利用当地的技术、材料，以降低生产成本，保证所用材料是"绿色"环保的材料，无污染、易降解、可再生。

（二）建立使用者与自然环境沟通的原则

室内空间作为联系使用者与自然环境的桥梁，应尽可能地将自然元素引到使者身边，这也是生态设计的一个重要体现。在这里，室内空间不再是冷漠与远离自然的代名词，它将给人们的生活带来崭新的内容：新鲜的空气来自树林与花园，光线来自太阳，人们耳中听到的只有鸟儿的啼鸣和泉水叮咚。在这样的环境中生活与工作，会使人们更加身心愉快、精力充沛，更加充满活力。

（三）集约化原则

生态设计包含着资源节约的经济原则。新时期的规划和设计应当从传统的粗放型转向高效的集约型创作道路上来。集约化包括两项基本内容：其一是对高效空间的追求，在合理利用室内空间环境的同时，应当充分开展室内空间的研究，使被围合的空间与室外环境形成一个有机协调的发展的立体网络；其二是空间节能和生态平衡，减少各种资源和材料的消耗，提倡"3R"原则，即减少使用（reduce）、重复使用（reuse）和循环利用（recycle）。

（四）注重本土化原则

任何室内设计的项目都必须建立在特定的地方条件的分析和评价的基础上，其中包括地域气候特征、地理因素、延续地方文化和风俗，充分利用地方材料，并从中探索现代高新技术与地方适用技术的结合。

三、室内生态设计的方法

室内生态设计的主要目的是改善人们的居住环境，增强人们与大自然的联系，并降低能耗，消除污染。依据其目的，可将现代室内生态设计的方法归结为以下四个方面。

（一）尽可能利用可再生能源

目前，应用于室内空间中的可再生能源有太阳能、风能、地热能等，其中以太阳能的利用最为广泛，技术也最为成熟。自古以来，我们的祖先在修建房屋时就知道利用太阳的光和热。在我国北方大部分地区，无论是庙宇、宫殿，还是官邸、民宅，大都南北向布置，北、东、西三面围以厚墙以加强保温，南立面则满开棂花门窗以增强采光和获热。这种建造方式完全符合太阳能采暖的基本原理，可以说是最原始最朴素的太阳能利用。近年来，由于现代建筑能耗越来越高，世界各国都将在建筑中运用太阳能的研究推向了更高阶段。目前，太阳能在建筑中的应用主要包括采暖、降温、干燥以及提供生活热水和生产用的电力等。

（二）尽可能多地获得自然采光

屋顶是光线进入室内的主要途径，于是各种用于光线收集、反射的构件被应用于屋顶设计。如福斯特设计的柏林国会大厦改建的穹顶就是一个新型的采光装置。中庭是建筑中光线进入的主要通道，在生态性的室内空间中可以看到大量采光。阳光由中庭进入建筑，通过阳光收集、反射装置达到内部空间，与这个开敞空间相连的房间不仅可以减少一半的热量流失，同时也能减少制冷消耗。

（三）选择"无污染"的环保材料

材料的选用必须符合生态环境及对人体没有损害的"无污染"标准。室内设计中的各种构思往往通过材料的运用来完成。可用在室内环境中的材料很多，如石材、木材、金属、玻璃和人造饰面材料等，这些材料的多样性为我们的设计思路提供了新的来源。设计时应突出重点，充分发挥材料在环境中应有的作用。此外，我们还要更多地考虑材料本身的因素。例如，选用花岗岩、大理石、瓷砖、涂料等材料，就要看这些产品是否具有国家认证环境质量标准，以避免有害物质对人身体的伤害，做到防患于未然。

（四）对绿色植物的利用

　　用绿色植物布置环境是创造生态环境的有效手段。据测试，绿色在人的视野中达到20％时，人的精神感觉最为舒适，对人体健康有利。在夏季，室内布置一定面积的绿化，通过蒸发作用使室内气温低于一般建筑室内气温，可以通过光合作用释放大量氧气并吸收空气中的二氧化碳，同时清除室内的甲醛、苯和空气中残留的霉菌、细菌等对人体有害的物质，从而提高室内环境的空气质量。绿色植物还可以降低太阳辐射，它可以通过叶片的吸收和反射作用降低燥热。据专家研究，叶片吸收40％的热量通过周围通风散失，42％的吸收热量通过蒸腾作用散失，其余的通过长波辐射传给环境。此外，绿植的介入还有利于帮助人们在紧张的状态下得到适当的放松，改善人们由于紧张工作造成的压抑心理，帮助人们提高思维敏捷能力。绿化后的工作环境不仅提升了员工的工作效率，纾解了精神压力，还打造了体验农业、维持员工健康以及与生态共融的工作空间。从这个角度上来说，绿化应是永久扎根的存在体，也是思及生态本质，甚至食物供给的重要行为。

第三章　室内空间设计创意

第一节　室内空间的组成及设计程序

一、室内空间的组成

室内空间的所有物体均要通过一定形式才能表现出来，形式来自人们的形象思维，是人们根据视觉美感和精神需求而进行的主观创造。

（一）关于形

1. 形的主要内容

（1）空间形态

室内空间由实体构件限定，而界面的组合赋予空间以形态，是具体形象的生动表现，是我们日常生活中存在的物体，容易识别，有生命性和立体感，同时影响人们在空间中的心理感受和体验。

（2）界面形状

空间的美感和内涵通过界面自身形状表现出来。墙面、地面等对室内环境塑造具有重要影响。因此，非常有必要对这些实体要素进行再创造和设计。

（3）内含物造型及其组合形式

室内的家具、灯具等内含物是室内环境中的又一大实体，是室内形的重要组成部分，可以美化室内环境，增加艺术感。

（4）装饰图案

这里的装饰图案是墙面上的壁画、地面铺地的图案、家具上的花纹装饰等，是具体形象的高度概括，图形简洁、抽象化、平面化，难以识别，这些装饰图案的形式也或多或少地参与室内形的构成。

2. 形的基本要素

研究室内环境的形，包括实体的造型和它们之间的关系，都可将其抽象为点、线、面的构成。室内点、线、面的区分是相对而言的，宽度、长度比例的变化可形成面和线的转换，从视野及其相互关系的角度决定其在空间中的构成关系。

3. 形的表现形式

形即形状，以点、线、面、体等几种基本形式表现，能给人带来不同的视觉感受。

（1）点

点以足够小的空间尺度，占据主要位置，可以以小压多、画龙点睛。

（2）线

点移动而形成线，人的视线足够远且物体本身长比宽不小于 10∶1 时，就可视为线，用线来划分空间，形成构图。

（3）面

线的移动产生面，面在室内空间中应用频率很高，如顶面、地面、隔断、陈设等。

（4）体

体通常与量、块等概念相联系，是面移动后形成的。

（二）关于光

光是室内设计的基本构成要素，对光的运用和处理要认真加以考虑。

1. 光源类型

光分为自然光和人造光。人造光能对形与色起修饰作用，能使简单的造型丰富起来。光的强弱虚实会改变空间的尺度感。

2. 照明方式

对空间中照明方式进行合理设计能使人感到宽敞明亮，既可以用直接照明也可以用间接照明。对于整体照明来说，为空间（如进餐、阅读等区域）提供的照明使空间在视觉上变大，是强调或装饰性照明，重点突出照明对象，使其得以充分展现。

3. 照明的艺术效果

营造气氛，如办公室中亮度较强的白炽灯，现代感强。例如，粉红色、浅黄色的暖色灯光可营造柔和温馨的气氛，加强空间感。明亮的室内空间显得宽敞，昏暗的房间则显得狭小。照明可以突出室内重点部分，从而强化主题，并使空间丰富而有生气。通过各种照明装置和一定的照明布置方式可以丰富室内空间。例如，利用光影形成光圈、光环、光带等不同的造型，将人们的视线引导到某个室内物体上。

（三）关于色彩

色彩不仅可以表现美感，还对人的生理和心理感受具有明显的影响，如明度高的色彩显得活泼而热烈，彩度高的色彩显得张扬而奢华。

色彩的高明度、高彩度和暖色相使空间显得充实，而单纯统一的室内色彩则对空间有放大作用。色彩具有重量感，彩度高的色彩较轻，彩度低的色彩较重，相同明度和彩度的暖色相对冷色较轻。

二、室内空间的设计程序

室内设计按照工程的进度大致可以分为三个部分，即概念及方案设计阶段、施工阶段、竣工验收阶段。一般情况下，概念及方案设计阶段是确定方案及绘制施工图的阶段，这个阶段需与使用者反复讨论和修改，进行方案的最终确定；施工阶段是按照施工图的相关信息对室内设计理念进行表达的过程，以运用技术实现设计意向；竣工验收阶段是将施工的结果进行验收的阶段，这个阶段需根据验收的结果绘制竣工图纸，进行备案。三个阶段按照顺序进行，是相互联系的。

（一）概念及方案设计阶段

1. 概念设计

概念设计是根据业主的要求进行的效果最优化设计，设计可能比较夸张，设计理念往往比较先进，对实际施工过程的工艺及成本考虑相对较少。

概念设计是实现业主想法的设计过程，通过概念设计建立业主对设计区域的最初认识，形成业主与设计者之间的沟通。

2. 方案设计

方案设计是针对概念设计确定的效果进行更加实际的精细化设计。方案设计阶段需要将成本及工艺等内容融合在设计的范畴之内，进行比较和综合思考。在方案设计阶段需要与业主进行多次沟通，在沟通的过程中寻求性价比较高、设计效果最能贴近概念设计的方案。方案经过确认后绘制施工图，施工图要求能够比较全面地说明设计的做法和相应的材质使用等问题，能够准确地指导施工实现设计成果。

（二）施工阶段

施工阶段是指按照施工图纸实现设计理念的过程。没有准确的施工，再好的设计方案也难以实现。施工阶段是方案设计阶段的延续，也是更具体的工作过程。

施工进场第一项是根据施工图的内容确定需要改造的墙体，对需要改造的墙体的尺寸、界限、形式进行标示。在业主书面确定的情况下，以土建方±1m 标高线上，上返50 mm作为装饰±1m 标高线，并以此为依据确定吊顶标高控制线。确定吊顶、空调出/回风口、检修孔的位置。施工进场前需要依据施工图的重要内容进行确认和对照，施工人员和设计人员对图纸中不明确的地方进行敲定。

硬装工程指在现场施工中瓷砖铺贴、天花造型等硬性装修，这些是不能进行搬迁和移位的工程。这些硬装工程是整个室内设计中主要使用界面的处理过程，需要大量的人力和工时，是室内设计施工过程中的重要环节。一般根据硬装工程的工序进行施工程序的划分。

先根据龙骨位置进行预排线，定丝杆固定点，安装主龙骨，进行调平，然后安装次龙骨。根据轻钢龙骨的专项施工工艺进行精确的制定与安装。

石膏板、瓷砖等装饰材料在进行安装前，需要进行定样，然后材料进场进行施工。小样的确认能便于甲方和施工方的沟通，保证整体设计的效果。石膏板吊顶需要从中心向四周进行固顶封板，双层板需要进行错缝封板，防止开裂。转角处采用"7"字形封板。轻钢龙骨隔墙根据放线位置进行龙骨固定，封内侧石膏板用岩棉作为填充材料。

样板间中的木质材料（如细木工板、密度板）应涂刷防腐剂、防火涂料三遍。公共建筑的室内装修基材需要采用轻钢龙骨，以满足防火要求。

瓷砖需从统一批号、同一厂家进货，根据施工图将瓷砖进行墙面、地面的排布，确认无误后订货。

地面需要用1:2.5 的水泥砂浆进行找平，并注意找平层初凝后的保护。由于地面重新找平，地面上第一次放线后线被覆盖，需要进行第二次放线。

涂饰工程施工前需要涂饰工做准备工作，涂料饰面类应用防锈腻子填补钉眼，吊顶、墙面先用胶带填补缝隙，先做吊顶、墙面的阴阳角，然后大面积地批腻子；粘贴类应在粘贴前四天刷清漆，在窗框、门框等处贴保护膜，防止交叉污染。

湿作业应在木饰面安装前完成，注意不同材质的交接处。条文及图案类墙纸需要注意墙体垂直度及平整度的控制。工程中应注意各工种的交接与程序，避免对成品造成破坏。

瓷砖铺贴应注意对砖面层的保护，地面瓷砖用硬卡纸保护，墙面用塑料薄膜保护。地砖需进行对缝拼贴，从中心向四周进行铺设，或中心线对齐铺设，特别是地面带拼花的地面砖，要控制拼花的大小及范围。

木饰面安装一般都在工厂进行裁切，到场进行安装。组装完成后注意细节的修补，并进行成品保护。

地板铺贴应先检查基层平整度，然后弹线定位，进行铺贴。铺贴地板后及时进行成品保护。

墙体粘贴需提前三天涂刷清漆，铺贴前需将墙面湿润，根据现场尺寸进行墙纸裁切。

硬包应预排包覆板，于安装后进行成品保护。

玻璃一般情况下由工厂生产，到场后安装，然后进行打胶、调试。

马桶及洁具、浴盆的安装需要按照放线进行对位。安装工程还包括灯具安装、五金件安装、大理石安装、花格板安装及控制面板安装。

（三）竣工验收阶段

在竣工验收阶段需要对细节进行检查，及时对工程中的遗漏之处进行修补，进行竣工验收准备以及清理。

验收环节包括水电、空调管线在吊顶安装前是否完成隐蔽工程的调试，工程收口处的处理是否整齐，瓷砖铺贴对缝是否平直，墙纸对缝图案是否完整，五金件、门阻尼、插口是否使用方便。

验收合格后要及时绘制竣工图纸，对装饰装修工程进行说明，并通过竣工图纸进行表述。竣工图纸要进行相应的备案，便于日后维修进行查阅。

第二节　室内空间结构中的视觉形式

一、视觉形式中的空间设计元素

视觉形式分为表层形式和深层形式，在研究中，需要采用有针对性的方法进行探讨，下面以线条、面和色彩为例进行详尽说明。

（一）对线条视觉形式进行分析

线是表层视觉形式最基本的要素。线条在视觉艺术中的重要性表现在以下两个方面。

1. 线条是室内空间设计造型的重要手段

线条通过虚实、轻重、强弱、粗细的变化产生空间上的远近感觉，表达形体关系和前后距离，从而产生透视感。在雕塑和建筑中，线不仅是造型的轮廓，还是其结构的骨架。在哥特式建筑中，高耸入云的空灵感和崇高感通过线呈现出来。同样，内部的空间感也通过拱形通透的线来体现，增添其向上升腾的动感。

线条总体上可分为直线和曲线。若再细分，直线又分为垂直线、平行线、斜线和交叉线等，曲线又分为波状线、螺旋线、蛇形线等。从线的审美取向可以看出不同时代审美观的差异。在当代，线条表现形式的趋势是从情感向非情感过渡、从具体向抽象过渡的。当代艺术家和设计师非常关注线条与其他视觉因素所构成的视觉形式的关系，如线集群的张力、视感幻觉、线的空间建筑等。

2. 线条具有情感表现性

线条的表现具有直接性、灵活性和准确性的特点。直接性意味着感受的强烈，即在对象呈现的瞬间，用线条将其本质呈现出来。线在表达变化的生动形象时更加灵活自如，捕捉思想感受时更加快捷。在造型中，它显得夸张、大胆，可以调动、激活人的潜在创造力。线造型是建立在对形象有特殊感受和充分认识的基础之上的"再创造"，它注重的是对自然形象的本质反映。

（二）对面视觉形式进行分析

面在几何学中的含义是线移动的轨迹，两个或两个以上图形会产生各种不同的平面图形。面具有长、宽两度空间，它在造型中所形成的各种各样的形态是设计中的重要因素。面是与点和线相比较大的形体，是造型表现的根本元素。

1. 面的视觉特征

（1）面的构成

点的密集或者扩大，线的聚集和闭合都会形成面。面是视觉形态中最基本的形，它在轮廓线的闭合内，给人以明确、突出的感觉。

（2）面的形态

面的形态多种多样，不同形态的面在视觉上有不同的作用和特征。直线形的面具有直线所表现的心理特征，如安定、有秩序感，具有男性的性格特征；曲线形的面柔软、轻松、饱满，具有女性的性格特征；偶然形的面即如水和油墨泼洒所产生的形状，比较自然、生动、有人情味。

2. 面的视觉表现

第一，几何形的面表现出规则、平稳、较为理性的视觉效果。

第二，徒手形的面给人以随意、亲切的感性特征。

第三，有机形的面展现柔和、自然、抽象的形态。

第四，偶然形的面自由、活泼、富有哲理。

第五，自然形是事物本身具有的自然形态，如树叶、花瓣、荷叶等，也包括自然环境中的生物在经过人为的平面处理后形成的二维形态。在设计中，设计者往往会从自然界中寻找设计的灵感，通过二维平面方式将其转换为平面图形，并运用到建筑设计、室内空间设计，甚至是产品造型设计中。

（三）对色彩视觉形式进行分析

色彩作为视觉形式的物质媒介之一，是艺术家表达情感、与自然界沟通的有效手段。人的视觉对色彩十分敏感，因而色彩所产生的美感最为直接和强烈。色彩这一形式元素具有如下功能。

1. 色彩具有空间造型能力

色彩造型之所以有表现力，一方面是由于色彩本身的性质，另一方面是由于人的视觉与色彩的相互作用。人类视觉感知的一切色彩都具有色相、明度、纯度三种性质，这是色彩构成的最基本要素。色彩造型的原理与形体透视的原理相似，线条在空间中有透视缩短现象，而色彩在空间中则有视觉混合的现象，二者都与人视觉器官的生理结构有关。同时，色彩通过色调的差异和色相的对比，呈现出不同层次的空间变化。暖色和明度高的色彩使物体显得更大些，有扩张感；冷色和暗色物体显得更小些，有收缩感。室内空间设计常利用色彩的体量感改善空间和构配件的某种缺陷，以求视觉的平衡感。

2. 色彩具有情感表现性

色彩是情感的语言，与其他视觉媒介相比，色彩的情感表现性是相当丰富的。现代生理学和心理学表明，色彩能使人们产生大小、轻重、冷暖、膨胀、收缩、远近等感觉。歌德（Johann Wolfgang von Goethe）对色彩的表现性的精辟论述体现在其著作《色彩学》中，他认为，色彩应该分为积极的（或主动的）色彩和消极的（或被动的）色彩。主动的色彩能够产生一种"积极的、有生命力的和努力进取的态度"；被动的色彩则"适合表现那种不安的、温柔的和向往的情绪"。不同的色彩分别传达出不同的情绪，使人们产生不同的心理和生理反应。

二、视觉形式中室内空间的设计表现

（一）视觉形式下点在室内空间中的设计表现

点在室内造型设计中的应用一般分为功能性和装饰性。在室内空间中，点既能确定距离、位置，又能决定形态造型。点的形态可以变化，具有突出重点、集中视线、精准定位的作用。室内设计中的点既有以实体形式存在的点，也有虚化的点。虚化的点给人的感觉既清晰又模糊，设计者可以通过虚实点之间的结构关系展示室内空间。

（二）视觉形式下线在室内室间中的设计表现

从视觉形式角度来看，线存在于室内空间界面或实体界面的轮廓、转折、分割、交界处。在设计中，合理运用线的粗细与排列会使设计者与感受者之间产生共鸣。设计元素中的线很好地区分了空间界面和实体表面。另外，线还具有区分空间使用功能的作用。因此，在设计室内空间时应处理好线与空间之间的关系，合理运用各种形式的线型关系，可以使空间既有层次感，又有美感。

（三）视觉形式下面在室内空间中的设计表现

在室内空间设计中，当点达到一定面积时就会以面的形式存在。空间实体以面为表形，整个室内空间主要以面为背景。使用面作为设计元素有助于改变空间整体效果。面一般分为两种类型：一种是真实存在的面，如墙面和物体的表面；另一种是由视觉产生的、不具有实体意义的虚面，如室内的光影效果所形成的面，这种虚面能给室内空间增添光感效果，扩大室内空间体量。

按照空间布局的视觉形式进行划分，面又可以分为视觉中心面、视觉次面。大面积的墙面在室内空间中占有绝对重要的比例，这就是设计者需要重视的视觉中心面。使用大面积的涂料或墙纸处理墙面，局部使用文化石、装饰画或镜面加以点缀，可以使室内空间具有整体协调、效果突出的特点。地面和天花板形成了次面，次面使用的色彩应该比墙面色彩简洁明快，给人以明亮的感觉，但顶面颜色效果整体上不能超过墙面，否则容易在视觉上产生反客为主的效果。整体空间的中心面和次面应彼此衬托，相辅相成，重点突出，层次分明。

另外，体在几何学中为面移动的轨迹。体有位置、长度、宽度、厚度，但无重量感。在室内空间中体占有实质的空间，具有体积、容量和重量等特征，而体元素主要体现在建筑空间中。

第三节　室内空间环境中的创意设计分析

人的生存空间是人通过自己的劳动创造出来的，当这一空间经过艺术设计之后，即成为一个环境艺术空间。人创造了环境空间，随后环境空间又塑造了人。也可以这么认为，人通过设计、规划等实践活动在不断地经营和改造自己生活的环境空间，从而进化产生新的生活方式。另外，我们每天生活其中的这个空间总是会不断地给予我们创意的提示，推动思想的运动，激发创意设计的无限可能，就是在这种循环互动的过程中，人们提升生活品质和变换生活方式。

在马克思主义理论中，对于生活方式的认识，大致可以分为两个基本思想。

第一，生产决定生活，首先就要有衣、食、住以及其他东西。因此，第一个历史活动就是生产满足这些需要的资料，即生产物质生活本身。

第二，生产方式制约生活方式，生活方式是生产方式的表现。"物质资料的生产方式制约着整个社会生活、政治生活和精神生活过程。"这里从一个哲学高度阐释了作为物质资料的居住建筑室内空间环境设计与人类生活的关系。

居住建筑室内空间属于人们生存环境中重要的生活资料，住宅环境虽然是以一定物质载体为存在的形式，但是随着社会的发展，品质需求的升华，它被要求承载更多精神生活的内涵。室内环境的创造是通过环境艺术设计来实现的，设计的目标就是为人类创造更合理、更能满足人的物质和精神需求的生活空间。从设计哲学的层面来说，设计不属于一种无前提的抽象行为，而是一种有意识的行为，它是实际生活中具体事物的反映，只有基于这种坚实的现实生活，并以人的活跃思维（创意）为动力，才能使表现（设计）具体实物的意识有形化。由于家居环境是人类的深度情感的归属，其创意设计的价值和意义是满足人们对自我价值的追求，体现一种生活观念和生活方式。

总之，"创意设计"将更多的环境艺术元素充实、渗透于室内，以此创造出健康、充满人文关怀、和谐的空间环境。

一、室内设计的功能与艺术美

随着我国社会经济的发展和人们生活水平的提高，现代化住宅不只是简单的栖身之所，而且是能让人们在工作之余，调节精神生活，实现个人愿望和爱好，从事学习、社交、娱乐等活动的多功能场所。设计是一个不可分割的全过程，在讲功能时，经济性与美感享受是同时交融的。因此，我们除了充分重视现代化条件下的物质需求即使用功能，也要着重强调精神需求即艺术美。

（一）现代室内设计

室内设计是根据建筑物的使用性质、所处环境和相应标准，运用现代物质技术手段和建筑美学原理，创造出功能合理、舒适美观、满足人们物质和精神生活需要的室内空间环境。室内空间环境既满足相应的使用功能要求，也反映了一定的精神因素。

室内设计的目的是产生满足人们的物质和精神生活需要的室内空间环境，即以人为中心，创造出美好的生活、生产的室内空间环境。从广义上讲室内设计是一门大众参与的艺术活动，是设计内涵集中体现的地方。室内设计是人类创造更美好的生存和生活环境条件的重要活动，通过运用现代的设计原理进行功能与艺术的设计，使空间更加符合人们的生理和心理需求。

（二）室内设计的功能美

如今人们对居住环境的要求不断提高，室内空间的合理划分和室内设施的功能性显得尤为重要。功能美在室内设计中的地位越来越显著，人们对物的功能要求不再像以前那么简单，而是由功能性提升为功能美。在满足人们物质需求的前提下充实其精神生活，将实用性与艺术性相结合所形成的功能美在室内空间中的运用极其重要。室内设计的功能是物质的，也是最起码、最基本的要求。室内设计功能美主要体现在空间设计和功能的合理规划上。

功能虽不是产品设计的唯一目标，但是造物的首要目的，即产品的设计和生产必须满足人们的某种使用功能的需求，功能美是产品最基本、最普通的属性，是人们生活的物质基础，也是产品设计的核心。室内空间设计也如产品设计一样应注重实用性，具有功能美的空间体现出人性化特征，室内空间是营造空间环境的主体，一个能够令人身心愉悦的居住环境，首先应当满足功能上的需求，注重科学的人体空间比例；其次要注重空间中材料运用的宜人性以及结构划分的科学性；最后以完整的设计效果展现出空间的功能性和形式美感，达到功能美与形式美的协调统一。

技术与艺术的统一，使用和审美的统一，并不是哪一个人的发明，而是客观规律的必然。合理的功能划分是前提条件。居室空间是家庭成员居住、活动、交流、休息的场所，应处理好各空间层次关系，使居室空间更好地体现其功能价值。经过设计改造后，布局会变得合理且实用。例如，对原格局不合理的户型进行拆除改造划分，给空间重新定位，赋予空间新内涵。原有客厅大而不当，餐厅小且有过道。经过整体修饰变化，空间顿时开朗明亮，视觉得以延伸及穿透，改变了小空间的局促与不良采光。虽然面积不大、但各功能的设计却恰到好处。

（三）室内空间艺术美的塑造

室内空间艺术美塑造体现了室内设计具有物质功能和精神功能的两重性，设计在满足物质功能的基础上，更重要的是要满足精神功能的要求，精神功能的创造也就是艺术美的体现。室内艺术美塑造主要依靠视觉，涉及布局、软装饰、陈设及色彩等要素的搭配所形成的风格，进而产生对空间整体形态的印象美。如今建筑物不断增多，空间形态也各具特色，人们对家居室内环境有了更高的追求，居室的艺术美越来越受到人们的重视，其表现主要体现在色彩、陈设及软装饰上。

1. 色彩

在室内环境中色彩设计占有重要地位，室内空间是否富丽堂皇、艳丽多彩或淡雅清新与色彩搭配密切相关。室内色彩搭配必须符合空间构图原则，以及色彩对空间的美化作用，正确处理协调和对比、统一与变化、主题与背景的关系。同时色彩设计还要体现出稳定感、韵律感和节奏感。

2. 陈设

室内环境中如果没有陈设品，给人的感觉将是平淡无味的。陈设品不仅能丰富空间的层次，还可以使空间具有艺术与个性特点。陈设主要包含具有日常生活使用功能的物品的陈设布置，与具有纯粹装饰艺术美化功能物品的创意设计，也包含对固定在室内空间建筑界面上的艺术配套、呼应可移动物品的陈设布置设计，使它们符合室内总体空间艺术的构思、创意，做到功能要求与艺术形式的和谐统一。

3. 软装饰

室内艺术美是由整体氛围反映出来的，如今轻装修重装饰已经深入人心，所以室内软环境是居室装饰的重点组成部分。为了追求室内空间整体视觉美感，室内纺织品应通过设计和处理，使纺织品的外观具有自然的视觉效果，营造一个对人类身心健康，符合人们追求时尚、自然、艺术的室内环境。

总之，想营造出理想的室内环境，必须满足使用者的需求心理，坚持以人为本的宗旨，才能营造出理想的现代室内环境。不同的时期人们对于室内功能美和艺术美的要求必然是不同的，因此，除了重视基本的物质需求外，更要着重强调精神需求。因此室内环境美的设计必须是功能美和艺术美的交融统一。

二、多姿多彩的家居创意设计

（一）从设计本质谈环境艺术设计

艺术设计的本质包括创造性、系统性、功能性、艺术性、经济性。其中，创造性是突破、创新、改变旧有的观念和形式，开拓新的发展空间，从而不断进步，不断完善。同时，艺术设计的目的是为"人"服务，创造合理的存在方式。

人是充满欲望和理想的动物，他们很少会满足现状和屈服于自然。正是基于环境艺术设计的创造本质和人在生活中的不断追求，环境艺术设计和生活终归是要水乳交融地共存的。想使家居设计充满特色，需要通过有别于普通设计的方法，彰显出室内空间的独到之处。这种"与众不同"必须与生活配合，不然，只会让整体的设计中看不中用。

（二）室内设计的创意思维

艺术设计是与大众生活息息相关的艺术。它为社会提供了一种生活样式的文化楷模，倡导新的消费观和价值观。

没有什么设计是凭空产生的。室内环境设计由于其多样性与其他艺术的创作不同，其创意设计的灵感大致有两个方面。

第一，纯艺术在设计中的表现。这是创意设计更高层次的表现，是社会生活的精神和文化层面，它融合了设计师的思想和灵魂，散发了艺术的魅力，渗透了生活的活力。

第二，设计对象本身固有的原生特质，其中包括材料美、工艺美、现代工业技术美等内容，是随设计所用的材质、工艺、技术等而产生的。如果说设计就是设计生活，这里我们可以将基于这种原生特质而产生的创意设计称为"物质层面的精致生活"。

值得注意的是，"纯艺术"不单纯是我们通常所说的绘画、雕塑等作为家居室内陈设一部分的艺术形式，而是运用纯艺术的创作直觉和热情，把纯艺术创作的多样手法和思维方式融入设计之中，将其和理性设计完美结合起来的一种创意手段。这种创意设计可以称为"精神层面的创意生活"，是更高层次的为人服务。

纯艺术源于生活、高于生活，当它们和环境要素结合而返回生活时，则成为室内环境设计中的重要组成部分。在家居室内环境设计中，除了帘幔、陈设、字画、摆饰、家具以及可以经常触摸、置换的艺术品及工艺品外，还可以运用室内设计中的要素，比如主题、空间、界面、色彩、灯光、细节等，都可以成为创意表现的出发点，完成实际使用或装饰功能的同时，成为固定在某些"环境面"上的艺术作品。

总之，在家居室内设计中，就重要的界面设计来说，一堵白白的墙面现在也不甘寂寞了，带有创意灵感的图案进入生活的每一个角落，成为家居时尚。这种创意形式更适合那些愿意亲自动手实现设计梦想的普通民众。相信一个民族设计的进步离不开众多优秀的设计师，但是更离不开全民创新意识的进步，这将是我们更希望看到的设计未来。

三、室内环境艺术设计中的美学理念

（一）室内设计创意的来源

室内环境设计总是体现人们在一定时期的审美意识、历史文化和情感等精神因素，而这些又需借助于一定物质形式来表达。作为人类生活方式载体的居住建筑室内环境设计，必然承担了一部分对人类精神的承载和表达功能。这便是把人类生活具体化，构成了室内环境设计与生活的互动关系。把某一风格主题与自然或人文特征结合起来。是融艺术享受与生活时尚于一体的创意思路。体现一种独特的生活时尚，映射了人们的一种生活风貌和精神追求。

通常，人们的头脑中会贮存大量与生活相符的素材，而这些素材，则是构成创意思维的基础。生活信息的层出不穷对于设计来说，能开拓人的思路，启发人的设计思维。在生活中，任何事物都能给人一种意象，在比较、判断、选择和想象的活动中形成。从某种层面来说，设计创意离开了生活，会变得狭窄。因此，在设计中，设计者应该去体验生活、积累生活经验，从生活中去寻找素材。家是一个与人类情感联系最紧密和最敏感的地方，因此在拥有大量素材的同时，还要学会取舍和运用，创意需要贴近人性，拥有关爱生活的情感表达，才能够使素材变为有意义的设计。

无论何时，创新从来都不是一件容易的事。在设计创意上，创新与模仿是一对矛盾。模仿不等于抄袭，模仿也有模仿的创造性。善于模仿者，会在模仿中作出改变，将模仿转为创新，例如举一反三，或从原作相同形式上去思考不同内容、题材，或者作局部的创意调整。另一个层面是设计者的模仿技巧和认知水平，在艺术创造中主动模仿生活中的某一个片段或场景，将其物化，也是一种积极尝试。

环境设计受时代观念、审美观念和社会需要影响，它从生活中来又回到生活中，生活给设计提供素材，设计又为生活而设计。好的设计会为生活所接纳并流行，相反，没有创意的设计自然会被社会淘汰。

室内设计早已不仅仅是简单地"装修""装潢"，更多地加注了"设计"在其中，强调的也不仅仅是材料的堆砌，更多地注重了空间的造型与流动。装修是指对室内环境中的主要界面，如地板、墙面、顶棚等进行修整，喷涂、贴、包、裱糊等，使之更加完美，其目的是保护界面，使界面具有耐水、耐火、防腐、防潮、干净卫生等功能。

装饰则旨在"饰"的本身，即通过空间中的一些附加物，如绘画、绿化、小品等，当然也可以包括室内部分陈设等手法的装饰行为。此外，装潢则又成了对空间环境的美化。无论装修、装饰与装潢也都只能被认为是整个室内环境设计的一部分。它只体现在对室内空间具体的施工与粉饰层面上。而室内环境设计不仅满足人们的视觉要求，室内设计是针对建筑的内部空间环境的研究，室内设计的中心是建筑内部环境中的人，围绕人所进行的多种学科领域研究，也是以人为主体的环境设计。

（二）室内设计与美学的基本概念

室内设计是指为满足一定的建造目的（包括人们对它的使用功能的要求、对它的视觉感受的要求）而进行的准备工作，对现有的建筑物内部空间进行深加工的增值准备工作，目的是让具体的物质材料在技术、经济等方面，在可行性的有限条件下形成能够成为合格产品的准备工作。

美学研究的方法是多元的，既可以采取哲学思辨的方法，也可以借鉴当今其他相关学科的研究方法，如经验描述和心理分析的方法、人类学和社会学的方法、语言学和文化学的方法等。因为美的对象，即自然美、艺术美、社会美等，无论是主观，还是客观的研究，都是经过人的感性、理性作用之后的结果。

室内设计是建筑设计的继续和深化，是完善空间、传播文化、创造美的艺术，是运用现代工艺、技术将美学理念、文化内涵和功能因素融入人性化室内空间环境的艺术。完美的室内设计产生于高度的现代文明，成功的室内设计同时创造着先进的文化。作为美学分支的艺术与技术美学是指导室内设计的重要学科之一，它是研究设计领域审美问题的一门新兴学科。

（三）科学性与艺术性的艺术结合

室内环境艺术设计已经是科学性与艺术性的结合。设计的科学性在带来空间环境功能的合理、舒适、高效、安全的同时，其结构、材料、工艺本身具有的技术美感与设计形式处理产生的艺术美感，共同形成了当代室内设计审美的一个重要特征。在室内环境的创造中，现代美学要求室内设计不但高度重视艺术性，而且高度重视科学性，以及二者的相互结合。从建筑和室内设计发展的历史来看，具有创新风格的兴起，总是和社会生产力的发展相适应。

社会生活和科学技术的进步，人们价值观和审美观的改变，要求室内设计必须充分重视并积极运用当代科学技术的成果，包括新型的材料、结构构成和施工工艺，以及为创造良好声、光、热环境的设施设备。当代室内设计的科学性，除了在设计观念上需要进一步确立以外，在设计方法和表现手段等方面，也应日益予以重视，设计者已开始认真地以科学的方法，分析和确定室内物理和心理环境的优劣。

另外，在设计表现方面，计算机技术进行设计和绘图的广泛普及应用，可使我们在初始设计阶段中便能运用其提供的三维视觉技术去探测第四维效果。

针对当代建筑和室内设计中的高科技和高情感问题，室内设计在采用物质技术手段的同时，当高度重视并运用现代美学原理，将科学性与艺术性、生理要求与心理要求、物质因素与精神因素进行综合而全面的考量，从而创造出具有表现力和感染力的室内空间和形象，以及具有视觉愉悦感和文化内涵的室内环境，使生活在当代社会高科技、高节奏中的人们，在心理上、精神上得到平衡和满足。

（四）美学原理在室内造型中的应用

1. 室内造型的整体性

室内造型是一个完整的且相互和谐的整体。在同一室内空间中，天花板的造型、墙壁的造型、家具的造型，要有统一的风格，它们之间有着内在的联系。假如同一空间的造型缺乏完整的、和谐良好的比例以及适宜的平衡时，必将使室内效果繁杂凌乱。

2. 室内造型的类别

室内造型分为结构性造型和装饰性造型。结构性造型主要是以建筑物的构架为主要范围的造型，以及装饰结构中所需要的造型。例如，为了将建筑物中的梁柱等结构遮挡起来的造型，以及装饰间隔等所需的造型。这一类结构性造型多数处理成较为简洁的形体。装饰性造型是为了加强装饰效果，增加室内的装饰气氛，而在吊顶面、墙面以及室内的视觉中心处设置的格调、有韵律的造型体和面，或者以家具、固定设置和摆设为主要对象的造型。

室内设计作为建筑设计的继续、充实和加深建筑设计的内涵，处于多学科交叉、渗透、融合、发展中的当代室内设计，离不开美学理论的参与和指导。理论必须是明白清楚的，它是学术和应用的重要工具。没有理论的指导，室内设计便缺乏组织基础且是脆弱的。

同时，人类社会的发展，不论是物质技术的，还是精神文化的，都具有历史的延续性，当代室内设计应因地制宜地有效借助美学理论的指导作用，并紧跟时代和尊重历史，从整体环境的角度出发，采取具有民族特点、地域风格、充分考虑文化的延续和发展的设计手法，创造符合功能需要且具文化内涵与审美价值的当代室内设计文化。

四、"把理想做成模型"的设计师

人在设计和生活中，不仅是重要的介质因素，同时也是主导因素。人具有创造性，他们在体验生活的同时，同时也在设计生活。在这个活动过程中，发挥重要作用的是设计师，他们对生活有更敏锐的嗅觉，对人类生活有更高的社会责任，因此，他们总是在不断地跟随时代的脚步，同时又超越时代进行创造性的活动，表现为提出具有影响力的设计理念和创作优秀的设计作品。

我们有必要为自己营造一个创意氛围，为设计创造活动提供外在的环境刺激和诱导因素，把生活方式与生活空间纳入创造性工作的根本机制之中，让它成为设计创造活动的内在思想缘起。那么，如何塑造优秀的室内环境设计师呢？

（一）我国建筑室内环境艺术设计教育的理论基础

改革开放之后，各种思想不断冲击着传统的教学理念。受到国际各种先进理论、设计理念的影响，我国环境设计的业内人士开始意识到室内设计不是简单地理论借鉴与堆砌，经过初期的环境艺术教育的探索阶段，逐渐摸索出一条融合哲学、艺术、物理、心理等多学科的设计教育理论，此时的室内设计风格多样，并且注重对设计功能的开发，重点突出人文情怀。

随着社会分工的不断细化，人们对艺术审美的要求不断提升，因此对建筑室内环境艺术设计人才的要求越来越高，原本属于精英教育的设计师培养已经无法满足社会对设计人才的需求。虽然我国的室内环境艺术设计教育起步晚，但是发展很迅速，特别是近些年随着房地产事业的不断发展，我国室内环境设计迎来了发展的黄金时期。

（二）我国建筑室内环境艺术设计培养人才的定位

纵观中国建筑室内环境艺术设计教育的发展历程，室内环境艺术设计教育虽然来源于外国文化的教育模式和教育理念，但是随着在中国文化土壤上的发展与传播，室内环境艺术设计的教育满足了国民对生存环境品质的追求，特别是经过多年的教育探索，目前我国需要发展能够突出我国民族个性、民族精神、民族文化的环境空间设计能力，因此我国在建筑室内环境艺术设计培养人才的教育定位上面要随时适应时代的发展，提高我国艺术设计人才在国际社会中的竞争能力。

（三）我国建筑室内环境艺术设计教育的发展现状

目前，我国绝大多数的综合院校以及理工类、建筑类、艺术类甚至农林类的院校开设了建筑室内环境艺术设计类的专业，随着室内设计热度的增加，很多高职类中专类院校、电大、成人教育也都开设了相关教程，随之而来的是大量专业毕业生质量参差不齐，教育精力不足，使社会需求与专业人才无法形成良性的发展关系，这些问题的出现促使广大室内环境艺术设计的从业者、教育者予以冷静的分析与思考。

1. 艺术设计理论与实践关系的研究不足

侧重对理论的学习，而忽视对理论的深入研究、理论与实践的转换能力的培养，不仅影响了学生能力的培养，同时也阻碍了艺术设计教育的发展。因此，建立具有创新意识的建筑室内环境艺术设计的教育理论和系统的教学体系，对构建人才培养计划十分重要。

2. 未来发展问题

从目前我国建筑室内环境艺术设计人才的培养趋势来看，我国的艺术设计教育仍处于发展的初期，很多教育理念不成熟，特别是随着近几年来高校的不断扩招，很多学校没有充分考虑对人才培养的可投入资源的分配问题，没有形成系统的人才培养规划，对学生乃至整个室内环境艺术设计专业的未来发展目的不明确，这样不仅不利于行业的未来发展，也使人才培养事倍功半。

3．师资队伍的建设问题

艺术设计是对思想与技术都有严格要求的双标准专业，很多行业的优秀人才没有到学校进行教育活动，而各高校的专业教师虽然有着丰富的理论知识，却缺少行业的实践经验，这成为建筑室内环境艺术设计专业人才培养发展的障碍之一。

（四）优化我国目前建筑室内环境艺术设计人才的培养策略与对策

1．正确认识时代发展的背景

21世纪是信息快速发展、交流的时代，因此为了优化建筑室内环境艺术设计人才的培养计划，必须进行充分的准备，正确认识经济全球化与文化交流的时代发展背景，不断与国际先进的艺术设计教育进行交流，加强对现代新技术的学习，将先进的教学理念、教学方法、教学内容引入课堂教学中，将时尚因素与我国的传统文化进行有效的结合，继承我国传统文化中关于装饰设计的精髓，使我国建筑室内环境艺术设计人才与时代接轨的同时能够保有自身的文化特色。例如在培养建筑设计人才的时候，要鼓励他们及时发现国际市场的变化趋势，同时关注国内外各种关于建筑设计等方面的比赛，通过比赛与实践达到检验设计能力的目的。

2．深化设计专业教学内容与教学理念的改革

为了使建筑室内环境艺术设计的教学发展跟上科技发展的速度，必须在教学内容、教学理念上进行革新，积极引进国内外先进的设计理念与设计趋势，通过学习优秀设计作品总结成功经验，不断去其糟粕、取其精华，把设计教学的具体内容落实到与教育管理、实践教学相适应的课程体系中，只有将教育工作落到实处，才能推动建筑室内环境艺术设计人才培养的具体实施，从而促进整个学科的教学工作的改革。通过定期举办建筑室内设计交流会、带领学生实地进行考察分析，不断完善教学内容和教学方式，扩大学生的设计思维与设计视角，特别是目前很多电视台都引入了室内设计真人秀节目，在激烈的比赛竞争与能力考验中锻炼紧急处理事情的能力，而丰厚的奖品对于参赛者来说也是一个很好的帮助。

3．调整师资结构

师者，传道授业解惑者也，师资队伍的水准是推动建筑室内环境艺术设计教育发展的前提和保障，师资队伍的能力直接影响了人才培养的全过程和学校的办学质量，所以建设与经济社会、社会发展相适应的师资队伍，完善现有教师的实践技能与知识结构迫在眉睫。每一个高校都有本专业独特的发展方向和发展优势，通过定期的教师交流活动，促进信息的交换、深化，为广大建筑室内环境艺术设计专业的教师进行具有创造性的"头脑风暴"，激发教师的创新意识，并用这种良好的精神状态影响带动设计专业的学生。除此之外，可以从专业的建筑装饰设计部门聘请具有丰富经验的专业人士定期与学生进行交流，传达最新的行业资讯，各个院校通过资源共享，联合创办建筑室内环境艺术设计教育培训班，聘请国内外的专家进行授课，使设计专业的教师在不断的学习中完善自身的知识结构，从而提高教学水平。

4. 加强对设计师能力的培养

社会对建筑室内环境艺术设计专业人才的要求之一就是具有较强的实践操作能力，对学生的综合素质要求比较高，因此在培养的过程中，在培养学生基本设计技能的同时，应充分考虑社会对人才的具体要求，实现教育的前瞻性和预见性，也要注重激发学生的操作能力、创造力与创新能力，给予学生更多的实习机会、实践机会，形成理论与实践之间的有效转换。

5. 建立系统的人才培养体系

建筑室内环境艺术设计的发展并不是孤立的，在发展艺术设计教育的同时还应设定多层次的人才培养计划，建立能够满足社会多层次需求的人才教育体系。例如在做好建筑室内环境艺术设计教育时，也要加强对群众审美情趣发展的分析，根据需求的变化调整设计理念，这样在完成设计工作之后，才会得到社会的认可，实现自身事业的价值。

6. 完善竞争机制

有竞争才能有压力，有压力才会有动力。建筑室内环境艺术设计行业发展势头越强，行业内竞争压力也就越大，在培养优秀设计人才的过程中要合理利用竞争机制，充分调动学生的积极性，督促他们保持最具有设计活力的状态，从而设计出具有影响力的作品。为了完善竞争机制，学校应该对选拔出来的人才给予充分的重视，根据实力优先提供就业机会或者出国深造的机会等，提高竞争的成效。但是需要注意的是保证竞争的良性发展，否则过度的竞争压力会打消学生的设计激情，影响学生未来事业的发展。

7. 构建理论、实践、就业一体化发展的培养机制

对于理论的学习是人才培养的初级阶段，对于建筑室内环境艺术设计人才的培养，理论只是培养机制中的一部分，更重要的是加强对实践能力的培养，建立从理论学习、实践操作、优化就业的培养机制，学校可以利用自身人才与教育的资源，积极组建由师生共同管理的设计室，帮助学生在学习理论后能够及时落实到实践中，并且能够在最前沿的设计团队中体验设计的乐趣。

当然，好的设计作品离不开灵魂做支撑，如果所言所思不是自我内心的感慨与情思，作品与人之间没有真情交流，也不为社会所需要，没有合乎逻辑的模式与结构，只是要素堆砌不成系统、松散、非整、无生命力的作品。没有艺术的生命，当然也就没有生命的灵魂。

在我们的现实生活中，设计已经深入生活中的每一个细节，随着新技术、新材料、新理念等的不断创新和应用，设计不断开创着生活的新层面。设计，就是将现实状况改变为理想状况的设想和计划，生活就是一种创意设计的过程。我们经常听到这么一句话"一个好的设计师，应该有三只眼睛，两只眼睛向前，一只眼睛向后"。这句话可以解释为，在艺术设计的过程中，不光要立足过去的生活，即注重历史和文化，还要能感应时代的脉搏，关心人类生活新的发展方向。将创意设计进行到底！

总之，精彩的生活离不开丰富的创意设计。家居室内环境设计根本意义在于让人类更美好地生活，在于将理想中的新生活转化为现实中的生活。最朴实、最有创意的设计往往来自生活，只有深入生活，了解生活，观察生活，博览群书，日积月累到一定的程度，才有可能给人以惊喜。设计是一种能够改变我们生活的艺术，那么，与其被动接受，不如主动进行。即便坐享其成，也要懂得欣赏，能够选择。在新时代，没有个性和创意的设计也是没有品位和格调的，而保证设计具有个性的最佳方式，则是全民行动起来，创造未来，从家开始。

第四节 室内环境设计中的创意空间探索

室内环境艺术设计是一门以室内设计为主体的新兴学科。它具有知识性广、涉及学科多以及综合性强等特点，从事建筑室内环境艺术设计的人员应当了解建筑学、力学、人机工程学，甚至心理学和材料学方面的知识，室内设计人员借助设计原理、依托建筑结构的原始空间和格局，对其进行二次加工和创作，从而达到一定的要求。建筑室内环境艺术设计，实际上是生态城市建设的一项重要内容，因此应当加强重视。

一、室内环境艺术设计概述

室内环境艺术设计虽然依附建筑内部空间进行，但是这并不表明室内设计只能是消极的，相反，在完成后的建筑作品中，室内设计师仍有足够的机会发挥聪明才智，展示室内设计的表现优势，提高和调整建筑内部环境空间，增强内部空间环境的艺术氛围，突出反映其环境的性格与主题，从而达到弥补建筑内部环境之不足，改善建筑内部空间视觉与艺术效果。

（一）室内环境设计与建筑设计的关系理解

现代室内设计已经在环境设计学科中发展成为独立的新兴学科，但在一定程度上讲，它无法摆脱建筑设计对它的制约，它仍受建筑设计的某种影响，建筑设计永远是室内环境设计的基础，室内设计是建筑设计的继续、深化和发展。室内设计是根据建筑物的使用性质、所处环境和相应标准，运用物质技术手段和建筑美学原理，创造功能合理、舒适优美、满足人们物质和精神生活需要的室内环境。室内空间环境既具有使用价值，满足了相应的功能要求，也反映了历史文脉、建筑风格、环境气候等因素。

（二）室内环境艺术设计的表现

1. 室内环境艺术设计的要求和原则

如今室内装修风格迥异，加上户型的多样化，但是室内设计最基本原则不变。

第一，适用、经济、美观。

第二，功能为主导，精神为本源，技术为保证，三者互为依存，相辅相成。

第三，综合性、艺术性、舒适性、科学性、文化性、针对性（对象性）。

综合性：室内设计强调以人为核心，这是室内设计综合性的基本出发点，也是当代室内设计的提倡及原则，围绕着人的生活、工作之功能需求，设计师应认真分析环境的可能性，分析使用者的心理及需求，从而最大限度地满足使用者的功能所需，使室内环境设计充分体现舒适、合理、科学、艺术之综合，构成室内环境之大成。

艺术性：室内设计环境应有较高的文化水准，无论使用者是何等身份，在设计上艺术性的体现是设计师的思想，恰如其分的尺度亦反映出设计水平的艺术性。艺术性的另一方面是充分满足人们的精神需要。在设计上应创造出美的形式、美的效果、美的氛围。从而，构成鲜明的艺术风格及特殊的艺术手法，由此给人们带来美的享受。

舒适性：功能合理，使用安全，构成使用上的心理满足。这也是对室内环境设计的基本要求。因此，室内设计应认真研究空间的划分，使用的功能、人与空间的关系，认真处理好空间与空间，空间与家具，家具与家具的相互关系。此外，还应研究室内与自然环境的关系。通风、采光、采暖，以及人为（工）环境的设备、照明、视听等多种因素。

科学性：这里的科学性体现在两个方面。

第一，设计应反映科学的标准。

第二，设计能够反映科学技术新发展的内容并有效地把这些内容引入室内环境中，使之产生一定的作用。

科学性的几项体现为：材料的选择与使用、照明设计作用、材料与人的生理、色彩与人的心理。

2. 室内装饰设计要满足使用功能要求

室内设计是以创造良好室内空间环境为宗旨，把满足人们在室内进行生产、生活、工作、休息的要求置于首位，所以在室内设计时要充分考虑使用功能要求，使室内环境合理化、舒适化、科学化；装修公司要考虑人们的活动规律处理好空间关系，空间尺寸，空间比例；合理配置陈设与家具，妥善解决室内通风，采光与照明，注意室内色调总体效果。

3. 室内装饰设计要满足精神功能要求

室内设计要求装修公司在考虑使用功能的同时，还必须考虑精神功能要求（视觉反应、心理感受、艺术感染等）。室内设计就是要影响人们的情感，乃至影响人们意志和行动，所以要研究人们认识特征和规律；研究人的感与意志；研究人和环境的相互作用。设计者要运用各种理论和手段去冲击影响人的情感，使其升华达到预期设计效果。室内环境如能突出表明某种构思和意境，那么，它将会产生强烈艺术感染力，更好地发挥其在精神方面的作用。

4. 室内装饰设计要满足现代技术要求

建筑空间创新和结构造型创新有着密切联系，二者应取得协调统一，充分考虑结构造型中美的形象，把艺术和技术融合在一起。这就要求室内设计者必须具备必要结构类型知识，熟悉和掌握结构体系性能、特点。现代室内装饰设计，它置身于现代科学技术范畴之中，要使室内设计更好地满足精神功能要求，就必须最大限度地利用现代科学技术最新成果。

5. 室内装饰设计要符合地区特点与民族风格要求

由于人们所处地区、地理气候条件差异，各民族生活习惯与文化传统不一样，在建筑风格上确实存在很大差别。我国是多民族国家，各个民族地区特点、民族性格、风俗习惯以及文化素养等因素差异，使室内装饰设计也有所不同。设计中要有各自不同风格和特点，要体现民族和地区特点，以唤起人们民族自尊心和自信心。

（三）室内环境艺术设计的表现手法

室内设计的表现手法涉及材料、色彩、空间等。

彩度及色相对人的视力（视觉）带来的影响，使人产生疲劳，又使人产生安稳，亦可使人视觉产生一定的错觉感。色彩对心理情绪的作用更加明显，它反映在生活中的衣食住行，色彩的冷、暖、色相与食欲，色相与心理情绪等。

色彩的物理作用还反映在物理性方面，如冷暖、远近、轻重、大小等。这不仅是物体本身对光的吸收和反射不同的结果，而且存在着物体间的相互作用的关系所形成的错觉。色彩的物理作用在室内设计中可以大显身手，温度感、距离感（空间感）、重量感、尺度感、聚散感等多种感觉都可以从色彩中展示。

现代室内环境艺术设计的发展如此迅速，如今的室内设计已经从单纯的装修、装潢层面，发展至设计层面且更为多元化，时尚感、设计感、个性化、人性化等概念日益丰富着室内环境艺术设计。

二、室内环境艺术设计发展前景探讨

在 21 世纪的今天，人与环境的关系问题已越来越得到人们的重视。同样，从人与环境关系的高度来认识环境的发展与创造，也是近年来环境艺术学认识上的一大进步。

随着社会的政治、经济、文化、科学技术以及信息交流有了飞速的发展，人类生存和行为在范围上已经大大扩大，内容上也大大丰富与加深，环境问题已不仅仅是满足人们最基本的生存要求，而是要解决人类生存与行为的全面要求与提高生活的质量，充分地满足人们置身环境中的生理与心理需要。因此，人们对其自身生存环境与行为质量认识程度，以及环境的美化、科学化、合理化和完善化的程度越来越受到人们的重视。

人类 70％以上的时间在室内度过。建筑设计大师、室内设计大师梁思成说过："建筑是凝固的音乐，音乐是流动的建筑。"建筑物不仅仅给人以舒适的享受，而且像音乐一样更给人以美好的感受。就环境保护而言，人们提出了"绿色建筑"，它包括美观舒适、采光通风、污染处理、抗噪隔声、保温隔热、道路交通、绿化美化等，这都是室内设计师带给人们美的享受。室内环境是为人们室内活动提供的场所，它随着人们的生活而拓展扩大，并逐渐发展成为互相渗透不可分割的环境整体，人们通过自身的感觉，在生存活动中不断调整人与环境的关系。

人们对室内空间环境的感觉效应，其实是对空间的一种体验，不同的体验人群，对空间的理解和感受也是不一样的，其中主要包括了人们自身行为以及心理与环境空间相聚合的秩序。

随着人们生活水平的提高，人们环境心理的变化也越来越丰富。现代的室内环境设计更需要对环境进行人性化的处理和意义的赋予，把人们的主观感受渗透到环境中去，使其成为个性和时代性的环境模式，成为能反映新时代精神和物质技术发展的新的历史。

（一）环境创造的要求，对室内设计发展有了新的影响

1. 室内设计的理念

从环境的创造要求来看，人们不仅要创造一个对身体健康有益的和工作、生活合适的环境，而且要求创造性一个文雅、舒适、美观的环境，以美化生活。因此，现代的室内环境设计的必须要考虑人们的社会风俗、文化氛围、生活习惯和个性特点等因素，并在室内设计的创作中体现出来。

如今，人们盼望着环境与人关系的和谐，以及与之相适应的现代环境模式，人们基于对生存质量的深刻认识与反省以及在科学技术高速发展所带来的"异化"现象中，努力寻

求情感上的平衡。

室内设计也正向着更丰富的环境设计理念发展，其环境理念包含内容如下：

第一，室内环境与文化。

第二，室内环境的表现层次与表现系统。

第三，室内环境艺术与审美信息传播。

第四，室内环境与人的心理作为。

第五，室内环境与形态构成学。

第六，室内环境与社会学。

第七，室内环境与民俗学等。

这些理念的发展与研究必将开阔室内设计师的眼界，使我国的室内设计的创作进入一个崭新的高度。

2. 从环境的创造要求来看，室内设计成了一个综合性的设计学科

室内设计在创作中体现了在自然科学、人文科学、社会科学等多学科的交叉渗透。它可以更广泛、更直接、更生动地传递各种信息。

21 世纪是新的边缘学科与综合性学科不断出现的时代，许多新的学科既是分化的产物又是综合的产物。室内设计的发展也正是分化与综合的辩证过程。它借助多学科的理论、方法和研究手段去探讨室内环境设计的发展规律，从"室内环境学"的角度来研究和预测其发展前景，从而调节、控制以达到利用、改造室内环境的目的。

3. 从环境的创造要求来看，室内设计的研究方法更加深入

室内设计已经不再仅仅是对环境空间的美学要素或是主观情感的某一方面的分析，而是在识别室内环境的各种构成要素时，不只分析情感的本身，而是分析产生情感的复杂的刺激物。这样，人们就可以把环境对人产生的影响及环境对人产生的作用，作为环境空间研究的目的，把人的情感和环境实体空间融合在一起进行研究了。室内设计师在进行环境空间的创造时，把客观对象的性质与人的心理因素结合在一起描述，并加以综合分析，形成主客观相结合及交叉的研究方法。

4. 从环境的创造要求来看，对现在以及未来的室内设计师提出了更高的要求

从室内设计在现代环境艺术中所占的比重和重要位置来看，室内设计师应具有更高的素质、修养、知识、技能和文化心理结构，具有丰富的室内环境的工程设计的经验。

从室内设计师的审美心理结构来看，室内设计师应对环境空间有着敏锐的感知能力，它是丰富人们内在情感的重要手段，也是室内设计师捕捉创作灵感的重要手段，室内设计师应对环境空间有着直觉的理解能力，其作用是在整体把握感受的基础上，抓住审美信息所传递的特有意味，进行多层次、多方面的思考。

室内设计师应对环境空间有着丰富的想象能力。室内设计师在进行室内环境设计时，除了培养自身的情感效应外，更重要的是培养自身的知觉注意，从对环境的细致观察、细致分析入手,大力扩展想象的空间。

(二) 室内环境设计未来的发展趋势

1. 室内环境设计应该回归自然

在当前的室内环境艺术现代化建设与设计过程中,只有通过对自然进行合理的改造,才能得人们生活在现代城市逐渐靠近自然。目前人们对于自然有着非常强烈的渴望和向往,因为在现代室内环境设计过程中,应当充分地融入与自然紧密相连的一些因素,以实现现代与传统之间的有机结合。同时,室内环境艺术设计过程中还要体现出一种艺术性特点,人们对于现代室内的建设并不是单纯的生活,更重要的是要求室内物件能够协调起来,"相处"融洽一些,能够体现出理室内设计的艺术性,同时展现出整体和统一之美。

2. 室内环境艺术设计应该高度现代化

室内环境艺术设计师在对室内环境进行设计时,应当适当地引入可能用到的现代先进的、科学的技术手段和技巧,使室内的声、光、色以及形等,能够完美地结合在一起,从而体现出室内环境的高效率性、高速度性以及高功能化。在现代室内建设设计过程中,应当重视高技术性与情理化的有机结合,以通过室内既有设计的高技术性和技术水平,让人们在室内感受到一种人情味。同时,还要注意室内环境艺术设计的个性化发展。

3. 服务型、方便型室内环境艺术设计

室内环境设计师在设计过程中,应该融入以人为本的理念,室内环境主要是方便于人,服务于人。随着技术手段的不断发展,人们也在对建筑材料和装饰材料进行不断的创新。在室内设计中,应当充分利用最先进的新型材料。由于人们的空间精神的不断上升,不会满足于居住在小空间的环境里,所以原有的小空间会不断地得到装修和改造。从上述的发展前景展望表明,现代室内设计呈现多元化、复杂化的发展趋势。现代室内设计给设计师提出了更高的要求,设计师在未来的室内环境艺术设计中,对能力、空间环境的把握,体现了人性化的空间中,处理好人与环境的关系成为室内环境艺术设计中必须不断摸索和思考的课题。

虽然目前我国的室内设计中很多问题有待解决,但其发展前景却非常明朗。为了满足人们对生活质量更高水平的要求,需要国家以及相关部门采取措施,促进室内设计行业的不断发展。同时,设计师也要在丰富自己专业知识的基础上,不断扩展其他艺术门类的知识,如美术、历史等,并将这些艺术与设计融会贯通,形成独具特色的艺术作品。在设计时,还要注意迎合人们的心理和精神需求,使设计更人性化。通过各方面的努力,在不久的将来,我国的室内设计将以全新的面貌展现在我们面前,并为我们提供更优质的服务。

第五节　室内空间设计中的创意构思研究

在室内设计中，主题就是空间的立意、思想、情感和灵魂。设计主题就是设计师把平时积累的素材采用一种创新设计的方式展现出来，直至最后成为一种诗意的环境。设计主题体现的是室内空间、形态、材质、色彩、光影……是一种创意表现。设计主题概念的提出，是设计师为设计赋予的一种生命，是室内设计的"灵魂"。

一、室内设计的构思立意

任何事物都有一个从无到有的发展过程，室内设计也不例外。在创作过程中，设计师对知识和实践的综合性考量，直觉和想象力又在设计过程中为其注入了创造性的灵感要素。而在当前的室内设计创作实践中，设计工作从事者在初学阶段，往往忽视了立意与构思存在的必要性，或者将立意与构思的概念模糊化、非理性化等。诸多设计矛盾的出现，导致创作思维过程的杂乱无章，使设计方案在工程验收时，设计效果的最终呈现缺乏设计语言的联系性、完整性、系统性。因此，在创作过程中，明确的立意和创造性的构思是对室内设计中理论、施工、构造、经济预算、政策法规、社会关系等方面最细化的追求和探索性的提炼。

（一）室内设计如何立意

对创作设计任务书的充分认识与理解，是室内设计立意的之源。并在此基础上对大量实际案例的设计经验进行概括总结，以实现从"量"性案例到"质"性案例的过渡。

从"质"性的设计实践经验中进行借鉴，赋予设计立意"新的源素"，以寻求启发设计立意的"源动力"，为创造性设计立意的产生做前期准备。"质"性案例的立意借鉴是具有探索性质的，是在优质观点内容的前提下，发现前人提及但并没有解决的问题或设计实践与研究中尚未涉及的内容。

探索性质中的设计立意体现了多样并存、多元共生的设计语言，对整个设计行业的创造性、复杂性、多样化发展具有一定的借鉴价值和研究意义。顾名思义，探索性的立意同样涉及室内设计及其理论研究的各个层面，对不同层面探索性立意的提炼，是室内设计从事者长期学习、研究理论发展、关注学术动态、积极参与设计实践的探索性积累。向存在学习，在解读设计创作任务书时，在深入剖析室内设计的性质、内容及要求的基础上，从历史资料及实践中寻找"设计记忆":把设计作为一个有机的整体,"凭直觉去把握"或者"凭印象去把握"的设计组成更能接近于设计创作任务的本质。

从曾经的"印象记忆"即通过五感(视觉、听觉、嗅觉、触觉、味觉)得到的外界刺激性设计语言中寻求设计立意的印象表现;从"语言记忆"即通过语言或者文字信息获取的设计立意中寻求设计立意的语言表现。"质"性的设计实例和设计经验通过"印象记忆"与"语言记忆"的集合体,为设计立意提供了借鉴性的立意源。

对于创作设计任务书的设计要素分类,勒·柯布西耶(Le Corbusier)曾这样说过:一个建筑师的一生可以分为两个创造阶段,即前半生是"构筑"阶段,后半生是"解构"阶段。因此,对能够体现空间特性的关键问题或关键要素进行挑选,从不同的角度观察其各个关键要素以及活动组织空间的联系性,使设计立意归纳成一个整体,成为一个新的立意源。

在立意之初,将设计组成的有机整体进行"记忆"分解,对设计实践进行化整为零的设计再立意,从原始的设计立意元素入手,进行设计立意的反向推理以及设计立意创造性的提炼概括。存在就是道理,设计创作任务书上的设计目标要真实反映空间体验者的需求,在历史中寻找设计的"规律点""设计记忆",旨在为室内设计的立意捕捉已存在的、可转化的、新的设计立意源。

总之,创造立意无论是在设计领域里,还是在建筑、绘画、雕塑、舞蹈、音乐领域等,都起着至关重要的作用。创作立意是创作意图和想法的直观体现和形式表达。从整体性角度来看,室内设计立意的确立涉及功能分析、功能材料、构建构造、形式与风格、形象与含义等多向思维的延伸。

(二)立意与构思的思维性贯通

纵观室内设计领域,我们可以看出,立意基础上的"印象记忆"与"语言记忆"为设计构思提供了借鉴性的意义,即从历史性设计实践中找寻已存在的反复发生的"规律点",将其作为设计的已知条件,并在以上基础上加以独立思考,考虑现有的问题以及前所未有的"新事物",然后结合设计创作任务书实现自己的设计立意与设计构思的思维性对接。在室内设计中,创作构思贯穿其整个过程。大到总体的综合设计,小到每个设计节点的处理,整体的设计构思对设计立意的实现起着主要的作用。

在室内设计领域,设计工作从事者通过设计草图和概念语言两种表现形式,对立意与构思的思维演变过程进行设计表达,从设计整体表达入手,使设计表达深化至室内每个设计节点的处理,形成整体中有局部,局部中有整体的哲学辩证关系。

在设计构思阶段,若以设计任务书所提供的特定空间或动感的经验为出发点,其设计表达应为设计平面的透视图以及剖面图表现,并在平面中建立三维的立体空间,在剖面图中表达以人为活动为基础的构思形象。设计表达在设计伊始,就以360°的探索性贯穿设计思维演变的整个过程，记录每一个设计阶段的观念形成、思维调整、设计变化与空间发展，诠释内部空间在创新点、空间组织关系、施工工艺、设计构造及细部节点设计中的思维性对接与系统性整合。在设计在意与设计构思的整合阶段，使立意与构思间以一个设计点为中心，辐射至整个环形设计体系。

构思是在立意的基础上，以立意为核心，对现实设计展开积极的、科学的思考。创作中的设计立意确定后，构思即成为设计创作进一步发展的关键。构思是设计师运用建筑语言表达设计立意的方式，在设计立意基础上，好的设计构思具有独特性、巧妙性、整体性等优势，用以表达最优化、最和谐的空间组织关系。若设计构思脱离设计立意，便会使设计缺乏表现力与生命力。

（三）设计立意与设计构思的结合

设计工作从事者的设计立意与设计构思，要具备充沛的知识储备、独创性的思维才华、认识改造熟悉实物的能力，能给予新事物一定的意义、觉察未来的发展动向并参与创造性的设计实践。独创性的设计立意与设计构思是设计从事者对设计创作任务的设想、规划、经济预算、政策法规、社会关系、设计构造等方面整合的前提下，对大量设计实践案例的设计思维进行"质"性挑选、概括总结和提炼升华，实现为我所用、唯我独用的创造性设计目的。

在旧事项中进行提炼借鉴，在"印象记忆"和"语言记忆"的基础上进行概念草图表现，不断推进概念草图表现的细化水平，从整体到局部逐步详尽地设计表达，透析每个设计要素的组成与整合，从而在旧事物基础上创作出新的事物，满足用户追求物质生活和精神生活的多样化需求。能在设计立意与设计构思的独创性、地域性、环保性等方面恰如其分地结合当代多元的新材料、新工艺、新技术、新设备等设计语言，并保持与国际接轨的设计立意与构思才能历久弥新。

总之，在设计立意与设计构思的表现手法上强调思维性的转接，形成系统性的整合体，使设计作品具有系统性的设计语言，对接性的设计立意与设计构思；要按照全球化、国际化、地域化的标准来考量设计立意与设计构思与室内设计的本质性联系。

二、构思建立下的创新设计

（一）室内设计空间的创新设计构思

近年来，人们生活品质不断提升，我国室内设计行业也得到发展和完善。仅仅满足使用功能需求的室内设计已经越来越不能适应现代社会人们的需要，人们逐渐开始追求健康、安全、舒适、美观、人性化的生存空间，也有越来越多年轻化的群体开始追求标新立异的个性化空间设计。设计需要在知识和理解的基础上的理性思考，这些知识和理解的过程是通过实践和研究取得的，直觉和想象力在理性设计的过程中注入创造性的元素，是检查并改进构思的过程。在设计前，首先在大脑中存储充分的元素对于设计师的构思十分重要。

一个优秀的设计作品是如何产生的？富有创意的构思方法是展开室内设计的首要步骤，室内设计构思的创新主要依赖寻求新的思维模式以及针对设计中出现的问题找寻新的解决途径。室内空间的处理是室内总体设计最重要的一部分，只有通过建筑设计的构思方法去组织空间才能使建筑室内空间在满足人们功能需求的同时兼备艺术效果。

室内空间的处理主要体现在空间的组成与分割，如果空间有不止一种用途，应综合考虑它们共存的可能性、空间的利用频率程度等。还应考虑空间的过渡与延伸以及空间的创新利用问题，灵感与想象力是创新设计的基础，设计师只有在丰富理论知识和实践经验的基础上进一步培养创新构思方法，才会有更具创意的设计作品。创新设计是指设计师创造出独特的设计表达方式或设计语言，这种创造来源于设计师对生活的经验和体验，是对生活的独特思考，是设计师透过想象构思把富有突破性的规划与设想以艺术设计的形式传达出来的过程，因此它需要设计师具有丰富的想象力和生活阅历以及对周围事物敏锐的观察能力，善于通过设计中的各种制约因素进行艺术创作，最终设计出理想作品。

（二）"发现"基础上的借鉴与创新

设计师在设计的构思阶段，应做到"发现"基础上的借鉴。发现与创造是设计师的首要工作。创造来自积累与需求，高度集中的思维是发现与创造的前提条件，凡取得成功的设计，发现主要依靠思考的"质"和"量"。

在室内设计中，创造与构思的过程是一个发现的过程，设计构思的最终目的是将构思过程中的发现转变成设计图解和文字分析，用于指导整体方案设计。室内设计行业在历史的发展过程中已经形成了现今不同的风格与流派，有许多值得借鉴的优秀作品，向存在学习是一个历史性的学习过程。

创新是设计的灵魂所在，是当代设计最基本的要求，创新也有据可循，借鉴是设计创新的基本动力。借鉴是设计进步发展过程中不可或缺的环节，合理的借鉴可以使我们的作品锦上添花，然而过度的借鉴会导致我们的设计作品缺乏突破千篇一律，从而变成抄袭。借鉴与抄袭的区别还在于抄袭是对原有作品的复制，而借鉴可以是对原有作品表现形式的借鉴也可以是经验与创新思维的一种借鉴。

借鉴与抄袭有本质的区别。借鉴是对原有作品的分析消化，提炼与升华。要求设计师本身具备完善的设计思想。借鉴设计是指借他人的设计经验或自己的设计经验为现有的设计作参照，是学习设计必不可少的过程。在学习过程中，设计师可以通过发现优秀作品中的某个元素获得启发，从而触发灵感，应用到自己的设计作品中来。然而当设计师过于依赖借鉴他人设计作品的设计，他的创新能力也在不断下降。因此优秀的借鉴要掌握好尺度。

借鉴可以分为两个部分，分别是积极借鉴和消极借鉴。积极借鉴是把借鉴当作学习的过程，消极借鉴是把借鉴当作创造的手段，以敷衍为目的照搬，是一种抄袭的现象。在设计中，要避免形成消极借鉴与过度借鉴，向积极借鉴和合理借鉴发展。

评判一个作品是否属于积极借鉴，要看设计师是否通过分析借鉴的原型，融入自我的想法。借鉴也分为自我借鉴和借鉴他人两种形式，自我借鉴是设计师停留在对自己原有作品或者表现形式的重复，并慢慢延续成自己的风格，然而当面对不同的客户，设计要求不同时，这就需要设计师在积累经验时不断发现并更新和学习。借鉴能给予我们的只是一般的设计规律与技巧，一个优秀的设计作品需要设计师利用自己的思考与分析，形成主观意识上的新创作。借鉴他人并不是简单地复制和模仿，应做到发现基础上的借鉴，有清醒的认识与认知能力，理解与消化借鉴的原型。

（三）室内设计构思阶段的三个步骤

第一，分析物质文化等各方面现有要素，确定使用者的需求与爱好，树立标准，包括功能上的需求，美学的动态与风格，心里的刺激和含义。然后针对各种活动确定不同的家具装修与设备要求，例如桌椅、工作台面等设备可调与否等。

第二，针对各个局部空间界面的具体要求进行空间分析。包括根据使用者的审美需求确定室内空间的整体风格形式、综合考虑使用者的活动尺度、家具的大小比例、门的位置，确立通道上的各点以及它们所连接的人流路线，还包括采光角度、窗口的通风对流这些因素等。

第三，结合人体尺度、使用者的活动范围确定空间和家具组群所需的不同尺寸要求，依据家具的不同使用功能来进行分组，确定使用者活动与室内空间尺寸之间最舒适的配合关系。建筑设计师的构思过程要经得起各方面细致入微的探讨，如各个局部的相互协调配合，细部草图是否显示出各个细部的相互关系，能否经受业主、使用者、建筑师工程师的检验以及厂商供货商、经济学家、心理学家等多方面权威人士的考验。

总之，在室内设计中，构思贯穿于创作的全过程。一个好的立意构思将带来一个优秀的设计作品。因此，必须重视构思对于一个优秀设计作品的重要性，找到正确的室内设计构思手法，培养构思能力与创新能力，将理论知识与实践经验相结合，最终提高自己的创作水平。

三、室内设计的理论发展与空间要素

（一）室内设计理论的发展

设计专业，原先就属于实务术科、应用科学，作为实务术科，除了理解理论是怎么一回事外，很重要的就是对专业的对象（设计作品）要能有感觉与知觉；除了理解理论是怎么一回事以外，还要能理解理论的渊源。在传统工匠的养成里，本来是没有"设计方法"这样的科目，设计方法就是一些规范、口诀，然后通过不断的练习而熟能生巧，而养成设计能力。

20 世纪 60 年代以后，基于以下历史背景：①设计学科讲究科学性、学术性；②20 世纪以来心理学及生理学对"心灵"的探究；③在行政学科方面发展出程序性规划理论。

所以在英国以工业设计为首的一些设计教师，努力推动符合现代设计教育情境的"设计方法"研讨会，进而各种"设计方法"的课程，书籍的开设与出版就蔚为风潮。

其议题、内容包括：思维的方法、思维的模式与意象、经验式的归纳创造力、依心理学新发现解说创造力、创造力在设计上的角色、各种设计的设计程序与步骤、分析各种好的设计产生的方法、各种设计的程序举例推演、设计方法与方法论的关系等。

20 世纪 80 年代以后，基于以下历史背景：①后现代设计兴起；②计算机技术的突飞猛进与价格普及化；③规划与设计逐渐融合，带来设计方法议题的调整。

其议题、内容包括：案例式推理设计方法、规范式设计方法、叙事体设计、语言类比的设计方法、形状文法在计算机辅助设计上的应用、游戏式设计方法、参与式设计方法、认知心理学在设计行为探讨上的应用、后设设计方法（所谓设计的设计）等。

室内设计进行方式的解释里，我们可以发现：无论是在业界还是在学校里，进行设计时，构想力、想象力、创造力非常重要，同样，对室内设计作品的模仿学习能力也非常重要。

（二）室内设计专业的分层架构

国内室内设计产学界如今虽然已初步见到一些成果，但距离步上正轨与坦途仍有一段很长的路要走，从室内设计专业知识技能的分层入手却是最根本的基础与关键，因为当专业知识技能有了清楚的层次，各层级有了清楚的定位，则各层级所担任的工作内容、所需具备之专业能力、所需修习之专业课程及其深入之程度等，自然就更为明确。业界可据之设定不同的工作职务及其职责范围，学界可据之设计能密切衔接与符合各层级专业执业所需之专业课程，官方也能据之制定各级专业认证（甲、乙、丙级技术士，以及未来争取举办的"室内装修技师"国家考试）的考试内容。这也就是说，借由专业知识技能的清楚分层，来紧密结合专业教育、专业认证以及专业执业"教、考、用"三者，应是室内设计领域迈向卓越发展的关键良方。

（三）室内设计空间构成

简单地说，空间的感觉是尺寸、光线、功能的联结反应。既要享受室内空间又要同时了解三个要件的联动关系，做适当的配合。

我们一生的大半时间都在室内度过，但是很少人觉悟到室内空间对我们的重要性。这是因为我们对空间不够敏感。"空间"不是实在的东西，不像一件器物或家具那么具体地呈现在我们眼前，使我们感受到它的存在，而且为它的美感所吸引。然而空间是确实存在的，它对我们的影响也是实在的。如果我们感到它的存在，而且体验它的美感，对于提升生活品质是大有帮助的。

室内空间是由墙壁、门窗、天花板、地板围成的，空间是否等于这些因素呢？然而并不是。这些因素是实体的东西，我们可用看一般器物的眼光去看它们，如果这些因素都合乎美观的原则，可以加强空间的美感，但这不是空间的全部，其实不只是围封的因素很重要，在室内空间中，有些活动的摆设或用具，诸如家具、灯具、器物，都是不可少的。这些生活用具之是否合乎美观原则，对于空间也有很大的影响，甚至墙上的画，地上铺的毯，都能左右我们的感觉，但它们都不是空间的基本要素。那么，什么是空间感呢？

我们先假设一个纯粹无色、无质、无物的房间，要怎么觉察到它的存在呢？首先是几何学上的要素，长、宽与高。我们人在其中，这三个要素的相对关系就构成空间感觉，因为它会对我们的心理形成影响。事实上，我们的心理对空间的反应是很敏感的，建筑艺术的根基正落实在这种空间感觉上，围封的因素与生活用具指示强化或转移的作用而已。

一个不宽不高却特别长的空间，就是长廊，给我们很大的心理压力，长期停留在里面容易产生精神疾病。一个不长不宽却特别高的空间，就是深井，使我们心生恐惧，久留会精神错乱。所以我们的心理需要的是长、宽、高非常合宜的比例。而心理需要与空间功能是互为因果的。比如睡觉的房间不宜太高，会客的房间不宜太低，公共空间需要高大，私密空间需要亲切等。

但是只有几何学上的抽象尺寸关系是不够的，另一个重要条件是光线。在同样的几何空间中，如果有不同的光线，就会有不同的心理效果。没有光线，无论怎样的空间也是黑暗一片，空间就算不存在了。

（四）庄严的空间构成

在室内空间中，有一类并不令人有享受之感，但确有必要者，即肃然、庄重的空间，也称为正式的空间。

在政府机关如总统府中的各种接待与集会空间，饭店、商务旅馆接待功能空间，都属于此类。正式的空间除了必须高大、宽阔之处，还有几个必要的空间要件，虽无法享受，却可欣赏，供仪典式样活动之用。

此类空间第一个要件是对称。有中轴线的空间是显示主人地位的手法之一，也是人类天生喜爱的特质。最严格的对称常常引申为家具的安排，与墙面悬的艺术品等。

第二个要件是正面性。由于中轴线的存在，最后必然以底端的墙壁为中心，所以正面的神圣感是必要的。

第三个要件是典雅的装饰。宽大的空间中没有一点装饰会显得苍白，所以正式的空间大多用一些古典的线角、饰板之类，以增加其高贵感。最高级的感觉，是壁面的浮雕，地板的拼花与天花板的吊灯。设计可以千变万化，但其目的无非烘托空间的高贵主人地位。在这类空间中，使用复古的样式，成套呈现，可以有统一的风格。

（五）灯具与光源

人类为了控制时间，抗拒自然的昼夜划分，可以在夜晚工作，必须以人造光来改造自然，所以灯光的发明是文明的开端，与"火"同时来到世界。

灯具的产生与光有关，光是万物存在的起源，没有光，一切都消失了，即使我们知道它们的存在，也没有任何意义。为此，我们发明了灯，以补天然光线之不足。在原始的世界，人类为了安全必须住在洞穴之中，不得不与黑暗为伍。

最早的灯是用油与芯子做成的，那就是早期一般民居家里用的油灯。蜡烛是自古以来就发明的照明方法，是用凝固的油与芯子做成的。一直到战国时期，油灯与烛都有了。自是而后，历代都有不同的照明方式，以补天然光线之不足，直到西方的电力传至中国，家庭普及电气化，照明改用由供电系统供给的照明灯具，灯具才成为生活器物中普通的用具，并渐进成为室内空间美感的一部分。

综上所述，时代和科技的进步会增加空间设计使用的手段与物质，空间要素的不同程度构成，给人营造出的空间氛围感觉也是不尽相同的。设计者应该从实际需要出发规划调整设计方案。

第四章　公共空间的室内设计

第一节　公共空间的设计概述

空间设计是为了满足人们的生活需要、提升生活质量，并不断改变和创造人们新的生活方式的行为活动。它是集功能设计、艺术设计、材料加工、地域文化等知识门类于一体的综合性设计活动，是根据人们对空间的使用功能和精神需求，结合所处的环境和相应标准，运用艺术设计和技术手段，创造一个新的空间环境的过程，其本质是对理想空间的营造。

公共空间是相对私人空间而言的集体性空间领域，城市中常见的公共空间有商场、酒店、学校、医院、办公室和城市公园等。随着我国经济和城市建设的快速发展，城市和乡村的各类办公、购物、休闲娱乐等公共场所在规模和规格上都获得了较大的发展。作为一个新兴的行业，公共空间设计在我国具有十分广阔的发展前景。

一、公共空间的概念

（一）空间的概念

空间，是室内设计中最本质的事物，是物质存在的一种客观形式。在建筑学上，空间是房屋的一个客观属性，是有具体数量规定的认识对象，是有长、宽、高三维规定的空间体。我们把空间分为自然空间和人为空间两大类，如自然的沙漠就是自然空间，城市中心广场就是人工空间。

人工空间是为了达到某种目的用"界面"围合起来的固定空间。人工空间又分为外部空间和室内空间两类：无顶界面的空间称为外部空间，如广场；有顶界面的空间称为室内空间，通常将具备地面、顶棚和墙面三要素的房间看成是一个完整的室内空间，如厅堂、居室等。

（二）公共空间解读

公共空间中的"公共"二字，在我们的日常汉语中，应该包含两层意思，一是"公众的、公共的"，也就是"大家的""公有的"；二是"公开的"，也就是"当众的""发表的"。"公共"在一定意义上包含了平等、参与、互动、共享、共有、共同等内涵。"空间"可以是公共的，也可以是私人的，它既可以是主导性的，也可以是服务性的。"公共空间"即大众的公有场所。这种具有开放、公开、公众参与和认同的特质空间称为公共空间。

公共空间室内设计，是围绕建筑既定的空间形式，以"人"为中心，依据人的社会功能需求、审美需求，设立空间主题创意、运用现代手段进行再度创造，赋予空间个性、灵性，并通过视觉艺术传达方式表达出来的物化的创作活动。室内空间设计的宗旨，是满足适应当代社会经济文化、科学技术高度发展所折射出的人们对生活理念的更新，满足现代生活理念所转换出的物质文明、精神文明多元文化空间的需求。作为设计师，应尽全力创造与现代新生活相适应的活动场所，创造形形色色具有延续城市空间、融入城市历史文化的公共活动空间。

二、空间的基本类型及组织方式

（一）空间的基本类型

空间与使用功能紧密相关，根据空间的功能和边界的状态，可将之分为以下几种基本类型。

1. 封闭空间

这是最原始的空间形态，用于满足人的最基本需求——安全、遮蔽、归属感。此种空间用限定性较高的围护实体（承重墙、轻体隔墙等）包围起来，具有很强的领域感、安全感和私密性，常采用对称式和垂直水平界面处理。其空间比较封闭，构成比较单一，与周围环境的流动性较差。

2. 开敞空间

开敞空间的开敞程度取决于有无侧界面，侧界面的围合程度，开洞的大小及启闭的控制能力等。开敞空间是外向型的，限定性和私密性较小，强调与空间环境的交流、渗透，讲究对景、借景和与大自然或周围空间的融合。开敞空间可提供更多的室内外景观并扩大视野，它经常作为室内外的过渡空间，具有一定的流动性和很高的趣味性，是开放性心理在环境中的反映。在使用时，开敞空间的灵活性较大，便于经常改变室内布置。在心理效果上，开敞空间常表现为开朗和活跃。在景观关系上和空间性格上，开敞空间是收纳性和开放性的。

3. 流动空间

流动空间的主旨是不把空间看作一种消极静止的存在，而是把它看作一种生动的力量。在空间设计中，流动空间要避免孤立、静止的体量组合，而追求连续的运动空间。空间在水平和垂直方向都采用象征性的分割，可保持空间最大限度交融和连续，使视线通透，交通无阻隔性或极小阻隔性。它是现代建筑语言的一个重要形态，在流动空间中，随着人们的视线移动，视觉效果会不断变化，使人产生不同的视觉感受。流动空间具有以下特点：

第一，边界具有开放性，空间相互连通。

第二，界面之间相互分离、交错和穿插。

第三，建筑结构本身具有动态性。

第四，局部空间的动态化分隔布置。

4. 虚拟空间

虚拟空间是指在已界定的空间内通过界面的局部变化再次限定的空间。虚拟空间的范围没有十分完备的隔离形态，也缺乏较强的限定度，只靠部分形体的启示，依靠联想和"视觉完形"来划定空间，所以又称为"心理空间"。例如，局部升高或降低地坪和天棚，或以不同材质、色彩的平面变化来限定空间。虚拟空间还可以借助各种隔断、家具、陈设、绿化、水体、照明、色彩、材质、结构构件及改变标高等形成，这些因素在虚拟空间中往往会成为重点装饰。

虚拟空间的构成方式有以下几种：

第一，用地面的高低变化进行限定。

第二，利用吊顶的变化进行限定。

第三，利用结构框架的设置进行限定。

第四，利用地面图案的区分进行限定。

第五，利用陈设的摆放进行限定。

第六，利用材质的变化进行限定。

第七，利用色彩的变化进行限定。

5. 共享空间

共享空间由波特曼首创，在各国享有盛誉。它是把相互独立的空间单元在垂直方向连接成一个整体的空间形式，尺度往往比较大。它的产生模糊了室内与室外空间的界限，早期的共享空间多用于教堂，后逐渐运用到其他公共领域，如大型公共性建筑（主要是酒店）内的公共活动中心和交通枢纽，它含有多种多样的空间要素和设施，使人们在精神和物质上都有较大的选择性，是综合性、多用途的灵活空间。

6. 过渡空间

过渡空间是一个衔接体，它将空间单元连接起来，有着独特功能，起着对空间的引导作用。成功的过渡空间会使整个空间秩序井然。过渡空间的应用主要有以下两种：

第一，用在不同体量、不同类型空间的交会处，使空间转换自然生动。

第二，应用到室内与室外的连接区域，突出建筑物的入口，对室内环境起缓冲作用。

7. 母子空间

人们在大空间一起工作、交流或进行其他活动，有时会感到缺乏私密性、空旷而不够亲切。而在封闭的小空间虽然可避免上述缺点，但又会产生沉闷、闭塞的感觉。母子空间是对空间的二次限定，是在原空间（母空间）中，用实体性或象征性的手法再限定出的小空间（子空间），将封闭与开敞相结合。通过将大空间划分成不同的小空间，增强了亲切感和私密性，能更好地满足人们的心理需要。这种在强调共性中有个性的空间处理，强调心（人）与物（空间）的统一，是公共建筑设计的一大进步。由于母子空间具有一定的领域感和私密性，大小空间相互沟通，闹中取静，较好地满足了群体和个体的需要。

8. 交错空间

交错空间又称为穿插空间，是指利用两个相互穿插、叠合的空间形成的空间。在交错空间中，人们俯仰相望，静中有动，不但丰富了室内景观，也给室内空间增添了生气。交错空间形成的水平、垂直方向的空间流动，具有扩大空间的功效。其空间活跃、富有动感，便于组织和疏散人流。在创作时，水平方向常采用垂直护墙的交错配置，形成空间在水平方向上的穿插交错。在交错空间中，往往也形成不同空间之间的交融渗透，因而在一定程度上也带有流动空间的特点。

9. 凹入空间

凹入空间是在室内某一墙面或局部角落凹入的空间，是在室内局部退进的一种室内空间形式，特别在住宅建筑中运用比较普遍。通常只有一面或两面开敞，所以受干扰较少，形成安静的一角。有时可将顶棚降低，以突显其清静、安全、亲密感的特点。它是空间中私密性较高的一种空间形式。根据凹进的深浅和面积的大小不同，可以做不同用途的布置，如在住宅中利用凹入空间布置床位，创造出最理想的私密空间；在饭店等公共空间中，利用凹室避免人流穿越的干扰，获得良好的休息空间；在餐厅、咖啡室等处可利用凹室布置雅座；在长内廊式的建筑，如办公楼、宿舍中可适当间隔布置凹室，作为休息等候场所，以避免空间的单调感。凹入空间的领域感与私密性随凹入深度的增加而加强。可根据凹入的深浅不同，将其设计为休憩、交谈、进餐、睡眠等不同用途的空间。

10. 外凸空间

凹凸是一个相对的概念，如外凸空间对内部空间而言是凹室，对外部空间而言则是凸室。如果凹入空间的垂直维护面是外墙，并且开较大的窗洞，便是外凸式空间了，这种空间是室内凸向室外的部分，可与室外空间很好地融合，视野非常开阔。大部分的外凸空间都希望将建筑更好地伸向自然或水面，达到三面临空、饱览风光的目的，使室内外空间融为一体；或通过锯齿状的外凸空间，改变建筑朝向方位等。外凸式空间在西洋古典建筑中运用得较为普遍，如建筑中的挑阳台、阳光室等都属于这类。

（二）空间的组织方式

空间的组织主要是根据使用功能、尺度大小等因素做出安排，它可以通过平面布局得以展现，通过平面布置图的分析来研究室内空间的组织方式，在多种可能性存在的前提下寻求最合理的解决方案，但基本上存在四个空间的组织排序系统——线性结构、放射性结构、轴心式结构和格栅式结构。

1. 线性结构

空间以线性的元素来逐个连接单元空间，如直线、曲线等最常见的是以走廊为空间连接点的组合形式，其单元空间可能在形态、尺寸大小方面存在差异，但它们都与通道走廊相连，两面的建筑空间呈现出线性布置安排的结构，如宿舍、办公室等。

2. 放射性结构

放射性结构是以中心空间为主的组合方式。中心空间周围围绕着一些次要空间，空间和通行走道均从中心向外伸展。该结构形式的重点在中央空间，周边次要空间的形式可以不同或大小有异。

3. 轴心式结构

两个或两个以上的线性结构同时出现，并以一定的角度交叉时，这样的空间组合形式被称为轴心式结构。它的适应性相对来说比较强。

4. 格栅式结构

格栅式结构是指同样的空间以重复的形式组合在一起形成的空间组织结构，例如，教室的课桌摆放，中间留有通行的空间，这就是典型的格栅式布局。

三、公共空间设计的内涵与特点

公共空间设计，是指根据建筑所处环境、功能性质、空间形式和投资标准，运用美学原理、审美法则、物质技术手段，创造一个满足人们社会生活和社会特征需求，表现人类文明和进步，并制约和影响着人们观念和行为的特定的公共建筑空间室内设计环境。它反映了不同地域、不同民族的物质生活内容和行为特征，体现了当代人在各种社会生活中所寻求的物质、精神需求和审美理想。它既包括具有公共活动的科学、适用、高效、人本的功能价值，又能反映地域风貌、建筑功能、历史文脉等各种因素的文化价值。

公共室内空间与人们的社会活动、社会生活行为最为接近，会所设计的基本任务和宗旨是为人们提供各种科学合理、高效便捷、舒适清新的公共空间环境，满足人们生理和心理的需求，创造符合人们进行各种社会生活行为所需的空间环境，并保障人们的安全、无障碍，有利于人们身心健康。公共空间室内设计是为了给人们提供进行各种社会活动所需要的、理想的活动空间，如娱乐、办公、购物、观赏、旅游、餐饮等室内活动空间。它具有满足相应生活行为需求和精神需求的功能，与此同时，也能间接满足个人、家庭生活方面的需求，要在保证满足使用的合理性、科学性和综合管理的标准性等使用功能的条件下，尽可能地满足现代人的审美需求和文化取向。

现代社会以工业化大生产为特征，强调的是现代工业制度下人与人之间的关系，强调以大众消费和生产为纽带，然而现代经济制度决定了人与人之间可以不必相互熟悉，而更强调相互间的协作关系。特别是在现代城市当中，经济制度和城市制度决定了人的职业构成和分工，也导致了人与人之间的陌生化。陌生化一方面有力地保证了私人空间的私密性，但也强烈要求具备交流、参与功能的公共空间出现。这类公共空间应该具备游行、集会、演说、交易、观赏等功能，空间也由于这些活动而具有了公共性特征。因此，设计水平高低、施工水平的优劣，以及设计者专业素养、文化底蕴、表现手法和现场调控能力的高低等因素，都对空间功能文化的表现具有决定性意义。

公共空间环境的优劣直接关系人们社会生活、生产行为的质量，关系人们对于公共空间环境在满足使用功能的基础上，满足精神功能（如审美取向、环境氛围、文化品位、风格文脉等）的需求。随着社会的发展，公共建筑空间室内设计从设计构思、施工工艺、材料配置到内部设施，都和社会的物质技术条件、社会文化和精神生活等紧密联系在一起。空间组织和处理手法，也反映了时代的社会哲学、社会经济、美学理念及地域民风的构思特征。总之，运用技术、艺术为人们创造出科学、合理、适用、美观、体现城市建筑文明与进步，并作用于人的生活理念和行为，符合社会文化生活特征的理想时空环境，是公共建筑空间设计的内涵。

公共空间设计和住宅空间设计的要求是有区别的，特别是在基本功能和环境氛围的营造要求上是截然不同的，公共空间设计需要对使用者的类型进行分析，在功能设计上以人群的普遍性为基础；而住宅空间由于使用者的相对稳定性，在设计功能和审美趣味上可以更加富有个性地表现。公共空间由于规模的需要，在空间组织上往往出现较多相同空间的排列组合，如办公室和娱乐包厢，在排列组合上就表现出重复性；而在住宅空间设计中，空间的重复性相对较少。公共空间在空间组织中的序列性表现得要比住宅空间更为清晰和明确，如火车站的空间序列安排，先到售票大厅，再到检票处和候车厅，这个顺序是不能更换的。

随着社会的发展，现代公共空间设计逐渐呈现出以下几个特点。

1. 回归自然

随着环境保护意识的增强，人们更向往自然，渴望使用自然材料，住在天然绿色环境中。北欧的斯堪的纳维亚设计流派由此兴起，并对世界各国产生了巨大影响。他们在住宅中创造舒适的田园氛围，强调自然色彩和天然材料的应用，采用许多民间艺术手法和风格。在此基础上，设计师不断在"回归自然"上下功夫，创造新的肌理效果，运用具象和抽象的设计手法使人们更加接近自然。

2. 艺术形式完整

随着社会物质财富的丰富，人们要求从"物的堆积"中解放出来，要求室内各种物件之间存在整体之美。室内环境设计是整体艺术，它应是空间、形体、色彩及虚实关系的把握，功能组合关系的把握，意境创造的把握及周围环境的关系协调。许多成功的公共空间设计实例在艺术上都强调整体统一的作用。

3. 高度现代化

随着科学技术的发展，很多新材料、新技术和新工艺被不断应用到建筑和环境设计领域中，公共建筑空间室内设计往往是最早采用现代科技手段的设计领域，在环境的声、光、色、形的表现上探索新颖的表现形式，以期创造出现代、时尚、高效、快节奏和充满未来感的环境艺术效果。

4. 民族化与多元化

后现代建筑与环境设计的理念非常强调对地域文化和民族文化的借鉴和运用。将历史上出现的优秀建筑装饰手法和装饰符号运用于现代公共空间设计中，是丰富空间文化内涵的重要手段，它会给人以历史的联想和对异域文化的好奇。多元化打破了现代建筑的局限性，极大地丰富了建筑内部空间的个性与情感。对传统装饰文化和异域装饰文化的运用既可以是单一风格的运用，也可以将多种风格糅合在一起。

5. 服务便捷化

城市人口集中，为了更加高效、方便地生活，国外十分重视发展现代服务设施，许多国家采用高科技成果发展自动服务设施。许多公共建筑空间室内配有电脑问询、解答、向导系统，自动售票检票，自动开启、关闭进出站口通道等设施，给人们带来了极大的方便。

第二节　公共空间的设计原则

设计原则即设计准则，它可以帮助我们构建出合理的设计方案。公共空间的设计原则究其根本，无外乎对空间、美学、公共性这三方面的思考，在一个方案中，当这三方面中的任何一个出现问题时，整个方案的结构都会受到严重的影响。

一、协调性原则

空间是构建环境设计最为核心、基础的概念，公共空间作为城市环境的一个组成部分，无时无刻不与空间发生着密切联系。无论是何种形式和内容的公共空间，无论其处于何种性质的环境中，构建形式构成和空间构成上的协调关系一直都是设计师的重要工作。空间效果和整体框架应该暗含着与所在环境相互作用的一种视觉结构。在日常设计实践的初始阶段，空间的环境定位极为重要，不容忽视。

（一）比例与对照

比例与对照在公共空间设计中是一项非常值得关注的问题。比例是一个数学概念，通常是指物与物、空间与空间之间的体量、数量和尺度关系。对照则是指比例间的相互参照。比例与对照不仅是空间本身的问题，更涉及空间与场所环境的整体关系的问题。

空间的比例尺度是客观存在、约定俗成的。设计意图的考虑与表达都必须从比例与尺度进行切入并深入推敲。离开了比例尺度，就意味着失去了形状比例的参照。比例尺度不仅是定量的关系，也是一种美感特征的数据化、理想化的集中体现。它将对美的感性认识提高到理性认识的高度，作为形式美感的量化标准来衡量美和表达美。

公共空间设计通常因环境的具体条件所限，需要在空间尺度、距离、方位、色彩分布等方面进行反复的思考和探究。换言之，脱离了特定环境的空间尺度是孤立的、没有依据和不可成立的。公共空间尺度的制定，通常要根据现有基地条件，如周边环境元素的状况、尺度关系等，确定出空间的大概尺寸。同时需要考虑空间所在基地中的位置，也可以从功能关系上进行定位，确定出合适的方位。空间尺度的大小完全取决于基地中可获整体空间的大小，也就是说空间尺度的大小必须与所在场地的大小相协调。在深化阶段要对最初的尺寸进行更改和调整以形成与环境相互平衡的比例关系。以雕塑类公共艺术为例，在设计其尺度大小时，设计者应该考虑到高度、体积、形态、色彩等要素与周围环境的协调关系。

公共空间是建立在建筑及人文景观环境中的空间艺术，在尊重自然比例的前提下，用写实手法来表现自然，在某些情况下也会在一定程度上超出自然比例的限制，根据需要来安排空间本身和空间与环境之间的比例关系。在具体的设计中，我们要牢牢把握住空间与建筑及整体景观环境的关系，并在造型、视觉尺度等方面形成整体对照，以此最终达到协调、统一的艺术效果。

(二) 统一与多样

空间和场所环境关系上的协调意味着相互统一，即作为一个整体而存在。统一和多样是相对的概念。统一性是整体性的体现或状态。公共空间中包含诸多环境要素，如硬质要素下的地面铺砌物、景墙、廊架、景观构筑物、景观小品等，和软质要素下的植物、水体。对空间而言，无论哪种元素作为环境中的主体，其表现主题、样式、材质、色彩都会给人带来不同程度的视觉感受和心理上的影响。当这些元素与周围环境格格不入时，便难以实现空间与场所环境的对话。可以说，统一性即是一种感觉，指空间自身及空间与场所环境之间形成一个有序协调的整体。当空间自身及空间与场所环境之间具备了统一性，任何修改都会削弱其品质。

多样与统一相对，但多样可为统一提供差异感。太多雷同的统一会令人乏味，而多样化会使统一变得不再单一；反之，无节制的多样又会带来混乱与无序，因此，若想在丰富多样中寻求统一的效果，需要设计者从多方面、多角度考虑空间自身及其场所环境间的诸多关系。唯有在统一与多样之间达成平衡，才会创造出和谐和生动。

(三) 对比与调和

对比是统一的反面，空间构成中讲究协调和变化，也就是要处理好统一和对比的关系。公共空间设计需要协调好统一和对比、整体和局部的关系。

一般来说，对比是在整体的前提下建立起来的。过于统一就会显得千篇一律。疏于变化，就会难以抓住视觉焦点，不易引起关注。而过于突出对比，又会扰乱整体的秩序，使人产生难辨主次、眼花缭乱之感。

无论是形式构成还是空间构成，在协调整体关系的同时合理运用对比变化的手法，会得到意想不到的点睛之美。统一和对比的关系并非绝对，而是相对，统一和对比的关系其实是相辅相成、此消彼长的。在空间设计中，通常以平衡统一为主、对比变化为辅；也可以对比变化为主，平衡统一为辅。可以在对比变化中达成统一，也可在统一中寻求变化。空间环境更多统一感为好，还是更多对比感为好，这完全取决于设计者想要赋予环境怎样的目的和意义。

在公共空间设计中，无论是空间自身的对比，还是与周围环境之间的对比，都可归结为造型要素间的对比。比如：形体的大小和聚散对比、空间的远近和方向对比、色调的明暗和冷暖对比、维度的强弱对比、线条的软硬对比、材料的质感对比、视觉的虚实对比及表现观念上的对比等。

对比不仅能增强空间的艺术感染力，更能凸显空间特征，形成视觉张力和表现力，鲜明地反映并升华主题。对公共空间而言，对比可以使其在环境中形成兴趣中心，或者使主体从背景中凸显出来。通过强调对比双方的差异所产生的变化和效果，可以获得富有魅力的空间形式。相比之下，调和则是把对比所形成的各种强烈的因素加以协调统一，使其趋于缓和、融汇、均衡的理想状态。

对比与调和在配置上应该作为一个有机的整体来思考。在作品设计上，两者间的分配程度要根据整体或局部环境的功能和风格来加以把握。

（四）平衡

平衡对空间设计而言，既是视觉的效果，也是结构的需要。平衡即获得均衡，设计师总是致力寻求空间与环境的平衡，使观者获得心灵的安宁，这是因为我们对维持身体平衡的本能与对视觉平衡的需求是均等的。

公共空间无论表现样式如何，其构成平衡的类型无外乎"对称式平衡"和"非对称式平衡"两种。

1. 对称式平衡的构成特征

对称也称均齐，它以同形同量的组合形式出现，体现出秩序、排列的安定感。对称指在空间平面上以中轴线垂直划分的左右两部分或以中轴线水平划分的上下两部分，此时空间形状、空间材质、空间颜色等保持相同一致的情形，我们把这样的空间称为左右对称或上下对称。在造型、色彩上采用对称的构成形式，能使空间产生安静、平稳和庄重之感。

对称构成有完全对称和相对对称之分。

完全对称是指在中轴线两边或中心点周围所组成部分的完全相同的空间形态。完全对称分左右对称、上下对称、上下左右对称形式。如果说完全对称容易流于呆板的话，那么，相对对称则是设计师更加乐于使用的设计手法。

相对对称是保持空间形态结构特征不变而有少部分形状或色彩出现差异的现象。换言之，相对对称是总体保持对称形态的基础上的局部变化。因此，这种形式在不失其对称形式的稳定感的前提下，又同时具有灵活、生动和自由的特征。当然，两种对称构成形式在具体的设计中要结合环境中的建筑布局、场所环境因素而定，不可孤立地考虑空间本身的形式运用。

2. 非对称式平衡的构成特征

非对称的平衡是把形态、颜色、方向等因素不等的物象安排在空间中，从而获得预想的平衡。

与具有统一效果的对称平衡不同，不对称平衡的最大特征是既有变化又有统一。我们可以把不对称下的平衡理解为一种"数"的均衡，即同量而不同形的构成组合。空间重心的稳定是很重要的。对于对称形态来说，左右上下的均等一定是稳定平衡的；而不对称平衡却是在一个左右上下不均等的形态里，达到一个整体空间体量的均衡，这种均衡正是来自观者视觉和心理上的平衡。

平衡可以提供视觉上的安定感，这是人的生理和本能的需要。不对称平衡是一种"力"的对称，它并不像对称平衡那样有严格的结构关系做参照。这是一种视觉与心理上的平衡，它不受中轴线和中心点的限制，也不受空间形状、大小和色彩的限制，体现了变化中的稳定。这种平衡意味着有一个对称式的重心，否则平衡便无从谈起。虽然这个重心并非实际存在，但是我们在视觉和心理上能感受到它的存在。

平衡是空间构成中的基本法则，不仅如此，与人类有关的诸多事物都存在着平衡法则。对宇宙这个大系统而言，平衡是其存在和发展的重要因素，人类社会正是在不断地平衡过程中发展起来的。如建筑、环境、自然界、人类自身、宇宙的演变与运行等，失去平衡必然会产生危机。当公共空间和场所环境相辅相成、相得益彰时，势必会给观者一种视觉和心理上的平衡。这种平衡之感源于人们日常生活中的基本经验，即为获得一种安定感而需要达到的心理或精神上的平衡。

从以上的论述可见，平衡意味着某种形式的对称，是变化与统一的表现方式。空间若与场所环境形成平衡协调状态，通常会以两种情形来呈现：其一，空间自身的构造一定要平衡，不平衡的空间就像还未完成一样，给人某种不稳定、不适宜的感觉，势必会给它所在的场所环境带来诸多负面影响；其二，空间本身并非以一种平衡关系出现，但通过运用一些巧妙的设计手法可使整个环境构造达到平衡。这一类空间往往更加突出了设计者在环境语言表述上的用心。

我们所见到的多数公共空间通常是以一种不对称平衡的构成关系出现的。在对称组合方式下的平衡是理所应当的，而在不对称组合方式下达到构成上的平衡，才是空间艺术的真谛。公共空间与场所环境的关联就是在两者间的变化和统一中谋求一种相互平衡的关系。所谓"只有经受威胁的平衡才得以引起兴趣和刺激"，正说明了不对称平衡的特征和它所具有的魅力。

总之，在公共空间设计中，平衡是一项极其重要的法则。它不仅反映在空间本身，也同样反映在空间与场所环境的关系中，需要我们在实践中不断地探究。

（五）节奏与韵律

节奏与韵律是来自音乐的概念，在音乐中，节奏是按照一定的条理秩序，重复连续地排列，形成的一种律动形式。节奏是通过灵活有序地安排音的强弱、长短、反复、重叠、交错等所产生的和谐美妙的旋律，是音乐构成的关键因素。在美术或文学中也常常运用节奏与韵律的艺术语言来表现一种律动状态。视觉艺术中的节奏是通过形体、线条、色彩、方向等因素有规律的运动变化来引发人的心理感受。它有等距离的连续，也有渐变、大小、明暗、长短、形状、高低等的排列，这种视觉美感和律动关系对公共空间设计是非常必要的。节奏与韵律是变化与统一规律的具体体现，恰当地运用节奏与韵律的关系将赋予公共空间更好的景观效果。

节奏与韵律可具体表现在公共空间的造型、色彩、结构形式和对材料的运用中。比如，造型中的点、线、面的组合安排，点的大小、线的长短与直曲、面的形状与力度；色彩在明度、纯度及冷暖变化上的渐次、连续不断地交替和重复；结构形式在整体上的布局及形与形之间的搭配；材料在肌理、起伏、形制及处理手法上的区别，等等。另外，节奏与韵律同时也表现在建筑及其整体环境的规划安排上。

节奏与韵律的表现形式是多种多样的，不同的处理方法将会给人带来不同的视觉感受。在一般情况下，构成元素越简洁，节奏与韵律感也就越单纯、平淡；构成元素越复杂，节奏与韵律感则越丰富、繁杂。所以在设计中一定要审时度势、因地制宜，站在整体的角度宏观把握节奏与韵律的运用问题。

（六）以小见大

各种环境要素一起构成了空间的形态面貌。建筑在环境中的尺度、体积和功能作用要超出其他环境要素，即便是体型巨大、占有一定空间的公共艺术作品也仅仅是在建筑围合的环境中出现的。因此，很多人把建筑之外的环境要素片面地看作环境的附属品，既然是附属品，自然是可有可无的了。而实际上，公共空间中的任何一个环境要素的选配和设置都是有道理和依据的。

如今城市空间环境的开发建设使空间性质和形态呈现多元化、特征化、开放化的发展趋势，被运用到公共空间中的各种环境要素不再仅作为建筑环境的装饰品或构筑物，而成为可独立表现的、具有一定魅力的环境艺术品。设计师更注重将功能和审美、精神和娱乐有机结合，不再仅仅注重大的体积尺度，而是着眼于环境要素的细节表现，以细致入微的点缀和装扮使观者在潜移默化中产生大的情感共鸣，以达到以小见大的效果。

所谓以小见大即是从小的、局部的细节之处认识整体的面貌，这需要设计师细致考虑环境要素在空间中的配置及分布情况。一般在游客意想不到的空间里设置单体环境构筑物，或使复数的同一风格样式的作品在环境中反复出现，对人的视觉和行为活动起到暗示和引导的作用，使人在不经意间感受到作品，对整个环境场域展开精神遐想，逐步形成潜移默化的精神作用。

二、功能价值原则

公共空间具有强大的功能多重性，拥有交通、市政、商业、游憩、交往、展示、生态绿化等一系列功能。功能性始终是公共空间的首要属性。公共空间的功能价值泛指物质属性下的功能价值和社会属性下的功能价值，也可理解为物质功能价值和社会功能价值。公共空间所应遵循的功能原则应体现在物质功能和精神功能两个方面。

（一）物质功能

物质功能体现在满足人流、物流、信息流及水、电等基础设施和基本功能上。具体来说，人流和物流活动是指人和物通过公共空间和场所，从一个地方移动到另外一个地方的过程中所发生的时间和空间的变化。在这一过程中可以创造出人在户外的时间利用价值和场所利用价值，最有效地完成户外作业和活动。

例如，无障碍设计体现在公共空间的方方面面，无障碍设计不仅要实现通行无障碍，还要满足视线无障碍。这涉及各种场所环境下的人行道、入口、大门、屋顶、平台、阳台、停车场、车库等一系列人流活动空间，更涉及路缘石开口断面、辅助扶手、辅助照明、盲道、坡道等诸多细化设计。这些都充分体现公共空间针对不同人群所展现出的功能价值，更多无障碍设计与景观空间的有机衔接往往都体现在柔软、温情的细节之处。

信息流是指在场所条件和要求下，场所信息源与人之间形成传递和接收的整个场所信息的集合。当下社会信息流的错综复杂使信息流动的速度快、范围广，信息的流动在人与人之间、人与场所之间瞬息万变。公共空间既可为人们提供信息的有形流动，也可以提供无形流动。例如，路标、地标、导游图、告示板、广告牌、宣传栏等信息设施或导视系统都属于有形的流动，而音乐、照明亮化、电子看板等声、光、电信号则属于无形流动。随着社会物质生活和精神生活品质的提升，公共空间的信息流与人、物流的作用同样变得越来越重要，其功能主要体现在沟通连接、引导辅助、认知共享等方面。而公共空间的水、电等基础设施功能作为室内水、电设施的延伸，同样具有外部空间不可或缺的基本生活功能。

（二）精神功能

1. 社会意义

优质的公共空间设计会让城市环境内容丰富，充满秩序感，使城市景观环境在系统与和谐中焕发异彩。良好的公共空间形象是带动、提升城市特色的关键，是为民众营造方便舒适的生活环境、开创健全的城市功能、塑造特色的城市品牌形象、积淀深厚的历史文化底蕴的重要途径，同时也是一个国家、一座城市运作发展的内涵价值的彰显。

2. 心理需求

空间景观带给民众最大的心理需求，莫过于对城市环境高度的认同感和归属感，这体现在人们对空间功能和景观环境的人文感知和认知、对区域形象的特色感知和魅力认知、对生活环境未来发展的认同感和期待感上。

3. 审美需求

审美需求体现在人的认知需求、美育需求和娱乐需求三个方面。

第一，认知需求体现在人们对认识社会生活、历史风貌，扩大知识领域，加深对社会生活内涵的理解，提高审美认识能力等诸多方面的需求上。好的设计方案是设计者观察、认识和评价生活，形象地反映生活的结果，同时又以此帮助人们感知生活、认知世界。人们对新事物的认知需求通过鲜明生动的景观形象来满足。这种需求的满足程度反映了设计方案体现的社会生活的真实程度、广泛程度和深刻程度。

第二，美育需求是基于认识需求的更高需求，如果方案符合生活真实、评价符合实际、思想情感和审美观点符合民众要求，就不仅满足了认知需求，还满足了民众的美育需求。在帮助人们认知生活和社会的同时，优质的空间设计还能培育人们正确的审美态度，树立美的人生观和世界观。

第三，审美的过程涵盖着一定的娱乐需求。优秀的空间设计通过艺术形象的感染力，引起人们审美愉悦和精神乐趣，从而获得精神上的享受和满足。娱乐需求可以说是人们欣赏艺术的直接动因，是对欣赏者娱乐、休息和精神调剂需求的满足，其核心是在审美享受中获得一种高尚、健康的愉悦感。

4. 趣味中心

公共空间的趣味之处存在于各种题材和样式的场所环境之中，无论是生活性的还是社会性的空间景观都有突出环境趣味中心的作用，或者本身就可以构成趣味中心，给人以趣味享受，使人产生审美愉悦，获得精神满足。

三、美学价值原则

艺术性是继功能性之后，公共空间的另一个重要属性。首先，从造型艺术的角度来说，公共空间是以空间物质形态呈现出的具象或抽象的环境艺术，因此，美学问题是亟待解决的首要问题。其次，公共空间美学需要考虑的是人的审美感受，使人形成审美意识，达成精神层面上的艺术感知和认同。也就是说，美学作为一门独立的学科，一方面依赖人的审美活动、艺术活动的实践，从理论上概括社会的审美经验；另一方面又能够反过来指导和影响社会审美意识的发展，推动大众艺术实践的发展。

从客观上说，空间环境本身具有引起人愉悦感的作用；从主观上说，对环境审美的快感源于人的内在感官。空间美从表现形态上可做如下划分。

(一) 自然美

自然美指自然事物之美。自然美的本质特征在于它是人的本质力量在自然事物中的感性显现，是自然性与社会性的统一。

自然美的自然性是指自然的基本属性和特征，即人的感官所能感觉到的自然原有的感性形式，如形态、色泽、肌理等。这是形成自然美的必要条件。随着人们改造自然的能力增强，人与自然的联系越来越紧密，自然美的领域不断扩大，自然事物也越来越多地成为人们可亲近的对象，并且人们越发对自然充满兴致和关怀。此外，还有一种未经人类改造的自然美，它们也是人类生活不可或缺的，如太阳、山川、海洋。这些能体现自然界生机源泉的自然景物能给人以永恒、力量、和谐、深邃、神秘之美。可见，面对广袤浩瀚的自然之美，我们要做的并非改造，而是尊重和顺应。

自然美的社会性是指自然美的根源在于自然和社会生活的客观联系。自然和人的生活发生了联系，对人具有一定意义或价值，才可能成为美的对象。换言之，自然美产生的根源在于人类的社会实践。人类通过自觉的实践活动，给客观自然打上了智慧的烙印，使大自然逐渐成为和人有着密切关系的"人化"了的自然，它们被人们所改造和利用，并被欣赏和感悟。这种自然凝聚着人类的劳动，经常作用于人们的感性和理性，唤起审美愉悦，如金黄的麦田、欢乐的海滩、恬静的花园。

（二）社会美

社会美指社会生活中的美。它同样源于人的社会实践，与自然美不同的是，社会美与社会实践的关系非常直接和明显。人类的物质生产是社会存在的基础，也是社会美产生的前提。人与人的关系在人类物质生产过程中必然结成一定的社会关系。人与人之间关系的美直接源于人们在各种交往活动中所体现出的言行和思想上的好感和美感。也就是说社会美的内容直指人们的社会生活，人们的审美关系受制于物质条件、政治条件和其他精神条件，并随着这些条件的变化而变化。社会美体现一定时期的经济、政治、文化特色。社会美的最大效用是通过愉悦人的身心，陶冶人的情操，净化人的心灵，达到提高生活质量，帮助个体自由、全面发展的目的。

（三）艺术美

艺术美就是艺术形象之美。任何艺术形式都不能离开艺术形象的描绘，人们感受到的环境艺术之美是通过艺术形象来呈现的，没有形象艺术将不复存在。艺术美是现实美的反映形式，而我们透过形象所看到的美是根据现实生活中各种现象加以艺术概括、提炼所创造出来的具体生动图画。

艺术美有三个要素。其一，艺术的真实性。艺术绝不是简单地模仿和照搬生活。它凝聚着设计者的思考，倾注着设计者的情感，是对生活材料的加工、提炼和改造。通过个别反映一般，通过具体的艺术形象反映普遍的生活规律，构成了艺术美的基本特征。其二，艺术的情感性。艺术美作为审美意识的物化形式，必须包含有艺术家的感情。美是艺术的特征，该特征就在于直接诉诸审美的情感。其三，艺术的独创性。艺术美的生命在于表现人的感情，但是这种感情的表达必须通过恰当的美的形式来表现。

（四）形式美

形式美指各种形式因素，如空间、造型、形态、样式、色彩之间相互关联，且有规律的组合。形式美存在于自然美、社会美、艺术美之中，往往与事物的自然属性相联系。形式美的法则体现在协调性的原则上，如统一多样、整齐一律、均衡、调和对比、节奏韵律、比例体量等。正如本章前一部分的空间关系的"协调性原则"，其内容就涉及公共空间的形式美法则。

可以说，形式美是人类在长期实践活动中，自觉运用形式规律去创造美的经验总结。形式美的法则对美的创造起到至关重要的作用。但形式美法则并非一成不变，它随着美的发展而不断发展，因此在运用上也需结合具体内容和实际情况。

（五）科技美

科学技术的发展已经构成当代社会的生存基础。换言之，现代科技所构成的生产力是今天人类社会作为本体存在的基础。技术美是美的本质的直接显露，美的构成也正是通过科学技术来消除目的性与规律性的对峙，从而达到自由境界的随心所欲。

不同民族和文化传统对作品美学质量的量度有着深刻的影响。对于如何去衡量公共空间的美学质量和价值，可以从以下几点进行思考：

第一，空间的美学质量是景观系统与人类审美意识系统相互联系、作用时的功能表现，所以空间的美学质量不仅取决于作品的客观特性，还取决于人的主观审美趣味。

第二，空间的美学质量可以在审美者的态度中反映出来，而心理学的发展提供了定量测量态度的方法，因而这种审美态度会有一个测定值，可称为"美景度"。

第三，公共空间是面向大众的，大量研究证明人类具有普遍一致的景观审美趣味。所以说大众的审美趣味是衡量景观空间美学质量的标准之一。

第四，景观系统各要素之间是相对独立的，并在不同程度上影响着景观的美学质量；同时景观系统各要素之间又是相互影响、相互作用的，它们共同作用于景观美学质量。

综上所述，作为公共空间所具有的美应该是因势利导的，而非强行制造的。从城市生活中获得艺术灵感，才能够设计出满足大众艺术审美需求的作品。这种蕴涵着城市之美的空间场所会无形中把这种美反哺给城市，开发出额外的功能价值并得到人们的接受和认同。

四、场域性原则

不同人对同一环境所产生的印象不尽相同，所感知到的心理场域也是如此。场域作为一个社会学概念，具有一定的环境属性。场域并非一个实体存在的场所，而更多是指在个人、群体之间建构的领域，也就是人与环境相互作用下所产生的精神意义上的场所。场域感是景观环境的灵魂所在，环境的物理场域和人的心理场域是公共空间场域得以实现的关键。这需要设计者充分了解掌握特定区域环境的状况，如社会政治、经济、历史、文化、民生民情及基地概况、季候等要因，从中挖掘提炼出与之相关的元素，建立起环境之间互动对话的必要条件，针对特定地域和场所的特定问题、状况进行公共空间景观的设计实施。

空间的精神意义能更好地达成人与环境的互动。这种精神意义的空间所形成的场域效应对人有着深刻的影响，能产生一定的视听效应和心理效应。

从场域带给人的视听效应分析来看，观看是人认知世界的最直接方式，感官中的视觉感受最具影响力。人所产生的视觉化效应来源于视觉形象作用，形象具有引人注意、加深记忆、唤起联想和情感共鸣的功能，形象越富于变化和多样，它的作用就越强。在公共空间设计中，视觉效应直接取决于空间的样式形态及它与各环境要素之间的关联运用。

人的视觉效应还源于色彩作用。色彩变化会产生不同的视觉和情绪，有时还有特殊的象征意义。在寒冷的北方城市，在公共空间环境中更多地运用暖色和中性色使人产生温暖感和凝聚力，使人在沉闷的冬季也能感受到几分温暖和活力。相比之下，南方城市空间环境设计所采用的整体色调偏于冷色，或是以部分暖色加以点缀，既能从整体色调上给人以清新爽朗之感，又能从局部中捕捉到跳跃、亮丽之色，以达到视觉上的平衡。此外，环境声音的模拟所产生的听觉美也能给人带来明显的时空穿梭和延伸感，这包括人工声音和自然声音。例如，环境中人工音响设备的配置，以及自然景观中的溪流山涧、泉泻清池、雨打芭蕉、风吹松涛、幽林鸟语等自然音响，在特定的环境中都能给人以精神上的享受。

心理效应指生活中较为常见的心理现象和规律，是由人或事物的行为作用引起他人或事物产生相应变化的因果反应或连锁反应。从场域给人带来的心理效应分析来看，人在空间环境中所呈现出的心理效应通常表现在"暗示效应"和"从众效应"（也称"羊群效应"）上。环境中的暗示效应是在无对抗的环境条件下，运用环境要素，直接或间接地对人的心理和行为产生影响，从而引导人按照一定的方式去行动或接受一定的信息传达，使其思想、行为与设计者所期望的目标相符合。这就需要设计者要在以人为本的前提下，剖析人在所处环境里的心理活动，准确地运用空间手段加以暗示，以达到心灵上的碰撞与共鸣。人在环境中的另一种心理效应是从众效应，即在群体作用下，个人对自身行为活动的调整与改变，使其变得与其他人更相似。人在环境中的活动体验是一种潜在的自我强化过程，当一个人在做一件事时，另一个人受其影响会表现出明显的参与倾向，从众效应正是在某种活动过程中的潜在表现，个人活动会作用于他人，他人也会影响个人活动。可见，如果人的行为活动能够最大限度地符合场所需要，就能充分地赋予该环境以场所意义，使场域性得到更好的体现。

五、文 化 性 原 则

当前中国的城市文化尽显对文化个性和特性的需求，同时又掩饰不了"趋同现象"，这两方面已然成为中国城市文化的一种显著发展特征，也是难以从整体上消解、攻克的矛盾问题。

艺术之花需要文化土壤的滋养才能得以绽放。一方面，文化作为艺术的基因，被视为艺术的本质属性；另一方面，从文化的广义概念上来看，文化是人与环境互动所产生的精神和物质成果的总和，例如生活方式、价值观、知识体系、科技成果等。因此，文化的积淀又是建立在城市自然发展的基础上的。公共空间作为城市环境的一个重要组成部分，通过与人互动形成艺术文化的暗示和影响，从而带动公共环境文化潮流。这是创造以公共性为核心，体现公正、和谐、自由和共享合一的文化实践方式。

文化特性并非僵化的遗产，也并非传统的简单汇集，而是一种社会内部的动力不断探求创造的过程。它从所接受的文化多样性中汲取营养，并且借鉴外来文化，必要时予以改造。换言之，文化绝不等于退回到将特性变成一成不变的、僵化的、封闭的东西，而是一个不断更新的、充满活力的、持续探索中的具有独创性的合成因素。这样，特性的追求便成为个人、组织、国家民族的进步条件。

捍卫文化特性不仅是古老价值的简单复活，而是要体现对于新的文化设想的追求。正因如此，它为人们不断增加对未来的责任感，把旧有价值的工作持续延伸下去，使语言、信仰、文化、职业等发挥独特之处，使之大放异彩，并以此加强其内部的团结，促进其创造能力。

六、可 持 续 发 展 原 则

可持续发展的内涵包括经济、社会和环境之间的协调发展。从经济与环境的可持续发展来看，它强调经济增长方式必须具有环境的可持续性，即最少地消耗不可再生的自然资源和减少对环境的不良影响，绝不可超过生态体系的承载极限。而从社会与环境的可持续发展来看，它强调不同的国家、地区和社群能够享受平等的发展机会。

随着城市化发展进程的加快和人们对人居环境的重视，"可持续"一词在环境艺术领域中被运用和普及，直至今日已经成为该行业的流行术语。"可持续发展"意指既满足当代人的需求，又不损害后代人满足其需求能力的发展；还可理解为能够把某种模式或状态在时间上延续、持久下去，也有自给自足、自我维系的意思。

"可持续设计"作为一种设计理念和方法手段，是每一个城市环境设计者应认真对待的。公共空间可持续设计意在创造以自给自足的方式，使用最少的能源，能够持久下去的公共空间或景观环境。公共空间的可持续发展原则针对的并不仅是公共空间本身，更多是指公共空间所带动起来的地域文化和人文化上的可持续发展。这种可持续发展是以环境优先为大前提的。

公共空间的可持续设计涵盖内容诸多，概括起来有如下几点：

第一，应避免设计对原有基地环境的影响，或将这种影响最小化。最终方案应对原有地形地貌条件给予更大的支持和利用。这意味着在不破坏基地现状的前提下进行重构。

第二，在设计上要极大地契合区域背景。了解该地域的"前生"和"今世"，才能将空间环境与地域文化融会贯通；在空间材料的选用上应挖掘本地材料资源，就地取材；对废弃且可批量生产的材料回收再用，不仅可节约材料及运输成本，还可使材料更富有地域特征；在区域气候方面应协调好环境的各种自然因素，如风向、日照、降水量、温度变化范围和周期。

第三，环境修复。公共空间最为实用之处是它的环境治愈功能，这使它更多时候扮演着改善和维系受损环境的重要角色：除了对原有基地中出现的问题和不适当之处进行修正或移除之外，更重要的是对环境场域特征和氛围的修复。这需要在方案设计中始终把握整体环境和局部空间之间的关联性，通过公共空间将环境场域精神贯穿起来，从而使该地区的文脉涅槃重生，朝着健康持久的方向发展延续。

第三节 公共空间的设计程序

设计是一个思维活动，也是一个创造过程。设计师在拿到一个具体的空间设计项目进行设计之前，必须掌握该项目的背景资料，包括结构布局、使用需求等。在创作的过程中，再对具体的创作思维方法进行灵活运用。下面从实用的角度，对公共空间的设计方法从以下几个方面进行探讨。

一、设计定位

这是拿到设计项目后首先要考虑的问题，只有明确了项目的使用意图和标准后，我们才能对项目进行合理的、符合实际的、人性化的设计，其中要考虑的问题包括：功能定位、风格定位及标准定位。

（一）功能定位

功能是第一位的，空间的使用功能在设计之前必须要首先明确，如这个空间是居住空间还是办公空间，是文教空间还是娱乐空间。首先要对项目进行功能需求分析，确定功能分区，然后细化内部功能构成，为后面的设计工作提供依据，作为空间组织前提，并为我们对不同空间氛围的塑造提供设计依据。

（二）风格定位

确定功能定位后，就要进行风格的考虑，内部装饰及隔断布局以什么样的形式出现，要考虑功能的取向、受众的特点及甲方的要求。它是设计师在空间中的艺术语言，是其艺术特质和创造个性的具体体现。只有在空间的设计风格确定了以后，才能对空间的造型语言进行设计和构思，对元素进行提炼总结，创造出与空间性质相符的装饰效果。

（三）标准定位

这是工程造价的总投入和装饰档次定位的问题。一要考虑空间受众群体的层次，二要考虑内部装饰档次，包括装修材料品种、内部设施设备、陈设艺术品等。

二、整体与局部的协调统一处理

对空间的设计要做到大处着眼、细部着手，特别是大型的空间场所更要如此，不能从局部开始思考，最后把空间设计成拼凑的组合体，因为这样会导致一个结果，就是空间的凌乱、风格的拼凑、次序的颠倒。对一个公共空间项目的构思、风格和氛围的营造，需要着眼于整体空间组织、布局、环境和功能特点，对整体环境进行了解分析，有了大的空间设计背景定位以后，再对局部限定元素进行造型。局部单元空间之间要做到既相互独立又相互依存，与整体环境空间尽量做到在风格、功能、标准上的连贯，力求设计方案的整体与局部达到协调统一。

三、创作过程的具体思维方式

一个空间设计项目在功能、风格及基本的空间组织确定后，接下来就是如何实现的问题，它能很有效地帮助设计师进行空间的推理，并最终形成有效、合理、趋于完善的设计方案。

（一）角色互换

作为一个设计师，在具体的空间设计过程中，特别是公共空间设计中，要时刻明确自己的身份，知道自己是在创造一个合理、安全、高效、供人使用的舒适而人性化的空间，要多角度、全方位地思考这个空间的功能设计、装饰手法等，考虑问题应尽可能地细化、周全，体现出设计师的价值，不要一味地迎合甲方的思想；应对自身多提出这样或那样的设计要求，提出"怎样设计更加好"的问题，思考多个设计方案，权衡价值，选择最适宜的一种；在有些特定的情况下，我们在把自身作为一个设计师的前提下，还要把自己作为甲方、作为受众群体去思考设计问题，把自己想象成置身于空间当中的一员去感受空间，提出"还需怎样设计"的问题，同时还要体会设计好的空间给自身带来的感受。只有这样经常在角色间相互切换，才能使自己的设计细致而生动，具有生命力。

（二）草图绘制的构思方式

借助草图或图形来表达设计思维或想法，对设计方案的创作进行一系列的分析图解，不仅能快速展示出设计师的构思，而且能很好地与其他人员共同商讨与交流。草图是一种提示，是对思维的记录，经提炼总结，最终可成为正规图纸。

在公共空间中，空间相对来说比较宽敞，功能空间与细节也相对较多，所以作为公共空间的设计师，懂得草图绘制、掌握徒手画技巧、能熟练地进行速写就显得更为重要。勤学多练，经常临摹优秀设计案例，经常随手画速写，这是提高草图绘制能力的有效途径之一。这样既能收集资料、增强实景体验，又能记录自己的奇思妙想、强化自身的表现技巧。

四、造型元素在设计中的运用

（一）形

将丰富而复杂的空间形态进行分解后，便可得到点、线、面、体构成要素。下面我们对各要素逐一进行分析。

1. 点

点是最简洁的几何形态，是视觉能感受到的基本元素，也是一切形态的基础，点必须是可见的，有形象存在；点必须有空间位置和视觉单位；点没有上下左右的连接性与方向性。

几何学中的点用于标识空间中的位置，本身没有大小、面积、色彩可言。点的这一作用在室内空间设计中是不可忽视的，在室内空间设计中经常运用这一原理，丰富空间造型或使视觉平衡；作为造型要素的基础，点是相对较小而集中的立体形态，具有一定的大小、体积与形状。

（1）点的位置

点在空间中的位置不仅和人的视觉相关联，还依赖于和周围造型要素的比较，或者说依赖于所处的空间位置，具有相对性。它在空间中的位置非常灵活。空间中居中的一点会引起视知觉的集中注意，常被称为视觉中心并与空间的关系显得非常和谐；而当点居于空间边缘时，静态的平衡关系则被打破；而点的位置移至上方一侧，会产生不安定的感受；当点移至下方中点，就会产生踏实的安定感。

（2）点的排列

在造型活动中，点常用来强调和形成节奏。而空间中点的不同排列方式，可以产生不同的视觉关系：点的连续排列可以形成空间中无形的线，其距离越近，形成线的感受越明显；由大到小排列，点产生强烈的运动感，同时产生空间深远感，能加强空间的变化，起到扩大空间的作用；点的水平或垂直排列，称为静态的构成关系，如果点沿着斜线、曲线等排列，则形成动态的构成效果。

（3）点的作用

点的数量、大小、位置与布置具有多种形式，可以产生多种变化和错觉，起到活跃气氛的作用。点在室内设计中可以得到具体的运用，如室内环境中小的装饰品、电器开关、射灯和筒灯都可以作为点的构成来处理，通过点的排列可组成线和面的形象，以丰富室内各种视觉效果。

点在空间中往往起到点缀的作用。在空间中，实体的点本身具有形状、大小、色彩、质感等特征，当这些特征与周围环境要素具有强烈的对比时，就形成了视觉的注目点，吸引人的视线，从背景中凸显出来。

2. 线

线是点移动的轨迹，线的运动可构成面。线是构成空间立体的基础，线的不同组织形式可以构成千变万化的空间形态。

（1）线的种类与特性

线可分为直线和曲线两种。直线又可分为水平线、垂直线、斜线三种从心理和生理上来看，直线能够表达冷漠、严肃、安静、敏锐和清晰的感觉。

线条具有方向性和力量感，一根倾斜的线，常给人以不稳定的感觉，而两根斜线相交则产生像金字塔那样稳定而有力的感觉。曲线可分为几何曲线和自由曲线两种。从心理和生理上来看，曲线能表达典雅、优美、轻松、柔和、富有旋律的感觉。几何曲线，如圆、椭圆、抛物线等，能表达饱满、理智、明快的感觉；自由曲线则是一种自然、优美的线形，能表达丰润、柔和的感觉，富有人情味。

（2）线的运用

线在公共空间设计中无处不在，任何体面的边缘和交界，任何物体的轮廓和由线组成的设计元素，都包含着线的曲直、数量、位置和多种线的构成形式。在空间造型中，通过线的集合排列，可形成空间中面的感觉。运用线的粗细变化、长短变化，可以形成有空间深度和运动感的组合；运用线的粗细简便排列，或者间隔距离的大小简便排列，能形成有规律的、间层变化的空间感；线的中断运用，可以产生点的感觉。曲线不宜用得过多，否则显得空间繁杂和动荡，但当曲线与其他线形有机结合时能产生赏心悦目的效果。

室内线的构成形式及运用具有多种可能性，室内环境整体气氛的和谐统一是空间设计追求的目标。

3. 面

面是线的移动所形成的，是点的面积的扩大，具有长、宽两度空间，它在造型中所显示出的各式各样的形态是设计中重要的因素。在空间造型中，点和面是相对而言的，墙面上的点如通风口、门窗、壁画等，从整体上可看作点，但在局部可以看作面。

（1）规则面的基本形式

圆形是根据中心构成的，源自一个中点，这个点放射到全部边缘，在边缘周围移动形成圆形。圆形具有向心集中和饱满的视觉效果，能表现和谐、完美的感觉。

方形由四个直角组成。其中长方形能表达单纯、明确和规则的特征；平行四边形可构成动势；正方形则更加具有稳定感。

三角形是由三条直线围绕而成的形状。正三角形和平放的三角形非常稳定；倒三角形或一点支撑的三角形极不安定，会产生强烈的动态和紧张感。

（2）不规则面的基本形式

不规则面的基本形式是指一些毫无规律的自由形，包括任意形、偶然形和有机形。

任意形潇洒、随意,体现的是洒脱自如的感情;而偶然形具有不定性和偶然性,往往富有惊人的魅力和人情味;有机形则能表现自然界有机体中存在的生命力,由流动而富有弹性的曲线构成。

4. 体

体就是在三维空间中面按不同方向运动的结果。其基本特征是占据三维空间。体与外界有明显的界线,是一个封闭的、力度感强的形体。一般来说,我们指的体是一个综合体,可视为线、面的综合。它的视觉感受与体量的大小有一定的关系,大而厚的体量,能表达浑厚、稳重的感觉;小而薄的体量,能表达轻盈、漂浮的感觉。

体从形态上大致可分为几何平面体、几何曲面体、自由体和自由曲面体等。

几何平面体,如三角锥体、正立方体、长方体和其他以几何平面构成的多面立体,能表现简练、大方、稳定的特点。

几何曲面体,如圆球、圆柱、圆环等,它们的特征是:表面为几何曲面,次序感强,能带来理智、明快、优雅和端庄的感觉。

自由体是指无特定规律的自由形体,有柔和、平滑、流畅、单纯、随意的视觉效果。在空间中,它们表现出的多是朴实而自然的形态。

自由曲面体是指由自由曲面构成的立体造型,其中大多数造型为对称形,表现为对称规则的形态加上变化丰富的曲线,具有端庄、优美、活泼的特点。

5. 运用点、线、面、体造型应遵循的原则

点、线、面、体的构成形态组成了在空间中的整体造型,我们面对的空间是复杂而有形的,当我们面对一个设计项目运用点、线、面、体进行造型时,应该遵循以下几个原则。

(1)风格统一原则

虽然我们设计的空间在各界面上的分工不同,功能特征也有差异,但是整体的元素造型风格必须保持一致,这是室内空间界面装饰设计中的一个最基本的原则,不同的风格不加整理地运用到同一个空间或同一界面,往往会让人觉得冲突和矛盾,视觉层次颠倒。

(2)气氛一致原则

不同使用功能的空间具有不同的格调和环境气氛要求,首先要了解室内构成,包括功能和将营造的空间气氛如何。例如,商场要求热烈、动感、活泼而刺激的室内环境;会议室要求严肃、安静的室内气氛,促进会议的顺利进行;娱乐空间则要求浪漫、温馨的空间环境。这样就要求我们设计的空间性质与空间需营造的气氛要保持一致,不能随意搭配运用,否则会出现不伦不类的现象,这也就要求我们营造气氛的时候在造型语言的选择上必须保持一致。

(3)背景烘托原则

室内空间界面在处理上切忌过分突出。空间的界面主要是作为空间环境的背景,起到陪衬作用。因此，要避免过分处理，应坚持简约而明朗的风格，但面对有特殊需求的空间，如酒吧、咖啡厅等空间，则可做重点处理或加强效果，但需适可而止，注重形式语言。

（二）色

公共空间中的功能区大多是以使用对象或用途的不同来划分的。由于不同的使用对象有不同的视觉需求，不同的用途也需要不同的色彩来配合，因而各功能区应运用不同的色彩组合。例如，我们以使用对象分类，在景观环境中分为儿童活动区、青少年活动区和老年人活动区。这些不同的年龄组有不同的审美偏爱，儿童一般好奇心强、色感较单纯，喜爱一些单纯、鲜艳而对比强烈的色彩组合，因而儿童活动区宜使用明度高、纯度高的红、黄、绿、蓝等色彩组合。此外，由于儿童好动，往往多用暖色调。青少年大多性情强烈，有着活跃的朝气，偏爱明快与活泼的色彩组合。因此，青少年活动区可考虑用明度高、纯度中等的暖色，色彩组合应注意对比色与类似色的组合兼而有之，并能形成视线焦点。老年人喜静，好回忆往事，性情沉稳，视觉需求中以视觉经验为主，与流行色常保持一定的距离。

在室内空间中不同的色彩运用也给人以不同的感受。粉刷墙壁就应根据需要和条件选择不同颜色的乳胶漆，一般用白色粉刷墙壁的居多，因为白色不吸收阳光，反光强，使房间显得清洁、宽敞、明亮，较适合小或暗的居室；淡橙色反射的光线比吸收的多，给人以热烈、愉快、兴奋和温暖的感觉，宜于冬季采用，如果更淡一些，便四季咸宜；红色的刺激性较强，一般家装设计时不宜用来粉刷墙壁，但如果用极淡的粉色浆刷墙，再配以各色灯泡，会给整个房间造成热烈、温暖的气氛。在粉刷墙壁时，还要注意墙壁色彩与家具、摆设色彩及布置位置的协调一致。虽然不同功能分区有不同的色彩组合要求，但总的来说，整个空间环境的色调应有统一感，即各功能分区与各空间的关系是：大调和，小对比。

（三）质

现代空间设计越来越强调设计的简洁化，在满足使用功能的前提下，运用单纯和抽象的形态要素点、线、面，以及单纯的线面和面的交错排列处理来创造简约的造型。"简洁"的设计思想有着深刻的美学根源，随着生活节奏的加快，人们对周围的事物产生了越简洁越轻松的感觉。化繁为简、形随机能的美学理念在现代室内设计中再次成为流行趋势。简洁需从色彩、造型、材质各方面着手，反对多余的装饰，崇尚合理的构成工艺，尊重材料的性能，讲究材料自身的质感和色彩的搭配效果。

目前的室内设计，对材料的肌理效果和质地的重视已经上升到前所未有的程度。创造新的质感效果，重视人对这些质感效果的心理效应已成为现代室内设计师们刻意追求的目标。材料的不同质感对室内空间环境会产生不同的影响，材质在视觉上的冷暖感、进退感等，给空间带来了宽松、空旷、温馨、亲切、舒适、祥和等不同感受。在不同功能的建筑环境设计中，装饰材料质感的组合设计应与空间环境的功能性设计、职能性设计、目的性设计等多重设计结合起来考虑。在空间设计中，人主要通过触觉和视觉感知实体物质，对不同装饰材料的肌理和质地的心理感受差异较大。常见的装饰材料中，抛光平整光滑的石材质地坚固、凝重；纹理清晰的木质、竹质材料给人以亲切、柔和、温暖的感觉；带有斧痕的假石展现出有力、粗犷和豪放的性格；反射性较强的金属不仅坚硬牢固、张力强大，还传达出冷漠、新颖、高贵的气质，具有强烈的时代感；纺织纤维品，如毛麻、丝绒、锦缎与皮革质地给人以柔软、舒适、豪华之感；清水勾缝砖墙面使人想起浓浓的乡情；大面积的灰砂粉刷面平易近人，整体感强；玻璃给人一种洁净、明亮和通透之感。不同材料的材质决定了材料的独特性和相互间的差异性。在装饰材料的运用中，人们往往利用材质的独特性和差异性来创造富有个性的室内空间环境。

（四）光

光是明亮、愉悦而活跃的。光振奋人的精神，使人们心理上感到满足。人类的生活与光息息相关。光是生命的源泉，是人居环境的要素。创造明亮、舒适、优美的光环境是建筑师、室内设计师们义不容辞的责任。光是一种语言，它述说着设计师的设计理念和艺术追求；光是隐形的软件，控制着城市和建筑的功能运作及形象和色彩的演绎；光是设计的工具，设计师可以用它编绘理想、展示才华。光影是构成室内空间的重要组成部分，是空间造型和环境渲染表现不可缺少的要素。

光可分为自然光和人工光两大类。自然光昼夜更迭复始控制着人体生物钟，使我们的生命节奏保持平衡。随着时代的发展，人工光源的种类越来越多。人工光可产生极为丰富的层次与变化，为设计提供更多的可能性，可以塑造出其他媒介很难达到的效果。

自然光在不同时刻、不同季节、不同环境及人为地改变其色谱时，都可以塑造出千变万化的空间效果。通过透射、反射、折射、扩散、吸收等方式共同展示空间的面目，显露材料质感的本色，烘托室内环境的气氛。它在特定的空间内会产生多种多样的表现力，会赋予人们不同的心理感受。

空间日光设计主要是确定采光形式。不同的采光形式不但影响空间照度分布、采光效率，而且也直接影响着空间的气氛。就自然光源照射的部位来看，一般分为侧光、角光、顶光三种，它们各自以其独特的方式创造空间环境与意境。

侧光是空间设计中普遍运用的形式。在设计时需对采光口进行必要的技术或艺术上的处理，对采光口附加镂空实体可以形成光影交织的效果。当阳光透过镂空实体的孔隙投射到室内空间的墙及地面上时，便构成了别有风味的图形和形状，阳光缓移，光影也随之变化，形成运动着的"装饰"利用侧光部位高低的不同，可构成空间意境上的微妙变化。

五、公共空间设计的程序

（一）准备阶段

1. 接受委托任务书

签订合同或者根据标书要求参加投标。

2. 明确功能目标

依据甲方的具体情况，不同的功能有不同的设计要求。设计师通过与使用者或委托方的面谈交流，了解委托方的具体情况，明确使用者的特殊需求与兴趣，进而明确设计目标。不同的功能空间有不同的设计要求，这将会影响设计阶段中诸如空间的划分、色彩的搭配及材料的选用等多方面的问题。在正式进入设计阶段前，这些都是必须要做的工作。

3. 明确设计目标的方位和形态

设计师需了解设计目标的大小尺寸、结构构造、位置环境、风向日照、视野角度等，只有了解这些才能为设计提供物理基础与限定条件，设计出的图纸才具有可实施性。有时也要了解当地的法律法规与相关的具体条款和限定，因为这些也会对设计中诸如设计类型、允许的高度、布局、外观和色彩等有一定程度的影响。

4. 了解委托方的投资预算

资金是保证方案顺利实施的根本保证，所以在设计方案时必须考虑投资预算，以保证方案具有可操作的实际意义。从这一点来说，对设计师的要求是比较高的，不仅要熟悉材料的特性和价格，还需了解其背后的施工工艺和相关的施工成本。

5. 分析评估

对搜集的资料进行分析性的总结，为下阶段的设计工作提供总体指导的作用。通过分析、整理和评估，避免仓促行事，避免忽略设计的重要环节或目标，使客户的需求得到满足。

6. 设计创意的确定和制订工作进度表

设计创意确定以后，使设计方案的各组成部分形成有机的联系，便于设计师确定设计风格，提炼设计元素，保证方案的统一性与艺术性的实现。设计是个整体工程，牵一发而动全身，所以需确定严格的工作进度表，确保工程的顺利进行。

（二）方案设计阶段

这一阶段是不断修改定型的阶段，我们可将这个阶段分成两个时期：前期为方案的设计与完善阶段，后期为方案文件制作阶段。

1. 方案的设计与完善阶段

第一，构思立意。从不同角度去审视和解决设计中遇到的问题，并形成尽可能多的创意。在这个阶段，没有形成解决问题的最终方法，但最终的设计思路已形成。

第二，草图拓展。本阶段工作是设计概念和设计思路的拓展，对确定的主题和思路用图形进行描绘，通过图形来进行研究推敲，画大量的图纸，做大量的修改，确定最符合具体设计目标的空间形式。

第三，细化完善。对设计概念进行图形具体化，对设计进行完善。

第四，与甲方交流沟通，提出意见或修改明细。

2. 方案文件制作阶段

确定设计方案，提供设计文件。公共空间设计的文件一般包括以下几个方面：

第一，设计说明。包括项目的基本概况，项目的规模及业主提供的有关资料、法规条例等设计依据。

第二，设计理念。阐述设计师的设计思想及设计所要实现的目标。

第三，平面图。包括功能布置平面图、交通流线图、顶面造型设计图等。

第四，室内立面展开图。包括各立面的造型设计图。

第五，剖面图。

第六，大样图。

第七，效果表现图。

第八，装饰材料表。包括装饰中所涉及的装饰材料清单和图样。

第九，造价概算。

（三）设计实施阶段

设计实施阶段即工程的施工阶段。在这个阶段中我们要做到三点：第一，在设计施工前，设计师要与施工人员或单位进行设计意图说明及相关施工技术的交流；第二，在施工期间经常对现场的施工实况进行核对；第三，在施工结束后，与质量检查部门进行工程验收。

（四）用户评价和维护管理阶段

做后期的工程项目的信息收集工作并对其进行评价总结，做好竣工后的相关维护工作。

第四节 公共空间的实践研究

一、办公类建筑及其空间设计

（一）办公建筑概述及发展

1. 办公建筑概述

建筑的魅力不仅体现在外观上，更重要的是其营造的空间氛围，而这个空间正是人们在日常生活中能够切身感知的场所。舒适的空间往往充满着体验的动感、方位的诱导、创造的乐趣，而公共建筑空间衔接了城市生活与室内外环境，同时也为城市公众生活服务提供了复合空间，它创造了一种不但本身美观而且能表达人们有机活动方式的公共空间。

建筑和人类的关系，不同于观看绘画时那种简单的观察者与被观察对象之间的关系，它运用的是一种将人包围在内的三维空间语言，而绘画则是使用二维空间语言去表现三维或四维空间特征。空间是我们用全部感觉（视觉、听觉、触觉、味觉、嗅觉）和整个身心去体验的对象，因而可以将公共建筑空间的设计视为对"体验的可能性"的设计。公共建筑空间设计不只是设计美感，而且通过对空间的营造，使人们的生活和行为有更大的拓展可能性，就像一座巨大的空心艺术雕刻品、人们可以进入其中，并在行进中感受它的魅力。因此，建筑中这些"空的部分"正是建筑的"主角"所在，它反映出建筑艺术与人们生活舞台的高度融合。正因如此，当代建筑师们才在空间营造方面一直孜孜不倦地追求着完美，试图给使用者提供更加舒适又极具吸引力的空间环境。

建筑中的公共空间自现代建筑出现以来便在建筑中得到了广泛应用，并且在办公建筑中使用得更加广泛。公共空间用于现代办公建筑，改变了原有建筑空间的空间感受。其形式多样，空间本身也非常灵活，在构造方式上更是富于变化，这些优点构筑了办公建筑灵活交往的空间特征，从而在一定程度上形成了多样化的建筑公共空间。随着社会的进步，国际合作的加强，办公方式在时间和空间上也变得更加灵活，这对办公空间的使用也提出了新的要求，以往办公建筑所具有的功能属性已经不能满足社会意识形态的进步，以及人们生理、心理需求的变化。

在城市生活中，办公作业空间的种类非常多，人们每天在其中逗留的时间也占了很大的比重。因此，现代办公建筑不仅是工作的场所，更应是人们用于情感交流、休憩娱乐的现代都市中人们交往的平台。此类空间除了满足各种人游戏休憩的不同需要外，还在一定程度上调整了建筑内部空间的视觉形象，转变了原办公建筑空间内外的使用特点，从而完成了空间的对比协调，成为很重要的空间构成元素。目前，在现代办公建筑设计中，公共空间设计已呈现出更加多样化、抽象化的设计趋势，建筑中的公共空间设计也逐渐成为一个热门的话题，被越来越多的建筑师们所探讨。

2. 未来的办公建筑

现代办公建筑趋向重视人及人际活动在办公空间中的舒适感与和谐氛围，随着计算机与互联网信息时代的发展，现代办公建筑在新材料、新技术的帮助下，必然要紧跟时代的步伐，在未来呈现出生态化、智能化及多功能化的发展趋势。

（1）生态化

随着全球环境与资源问题的日益严重，生态设计逐渐成为各个行业所关注的内容。在办公建筑中，设计师开始在墙、地面及屋顶、建筑材料、机电设备、立体绿化等各方面运用生态策略。

（2）智能化

优质高效地完成工作任务是办公建筑的主要功能，科学技术的进步为办公建筑的智能化提供了可能。随着互联网时代的发展，信息渠道增多，内容数量增多，繁重的处理任务是将来办公建筑要面临的重要问题。

（3）多功能化

在充满信息的社会里，办公建筑的功能正从单一走向复合，办公空间也常与旅馆、餐饮、购物、娱乐、会议等功能相结合，世界各地已经出现众多规模庞大的建筑综合体。

（二）办公建筑的类型

办公建筑又称办公楼，一般指专门用来处理办公业务或提供办公、会议等使用功能的建筑物。为了给工作人员提供各种方便和安全保障，一般会将各种自动管理、自动控制体系用于办公建筑设计中，使办公建筑设计成为多种学科的综合科技成果。

按照不同的使用功能，办公建筑可分为：行政办公机关；商业、贸易专业公司；电话、电报、电信公司；银行、金融、保险公司；科学研究、信息服务中心；各种设计机构、工程事务所；科技企业机构等。

从办公建筑的管理和使用方式来看，根据建筑物所有者与使用人群之间的关系可以分为以下几种类型。

1. 专用办公建筑

机构自建专用或数个机构合建合用，包括政府机构专用办公楼及工厂附属的办公建筑。除政府办公楼一般是非营利性的、自建自用以外，许多专用办公建筑将自用以外的其他部分也推到市场上用于出租或出售。此类办公建筑通常要求建筑物能够最大限度地表现该机构的形象。

2. 出租办公建筑（或称写字楼）

这类办公建筑一般作为房地产的投资推向市场出租或出售，满足第三产业的商务办公需求，包括单一功能或基本单一功能的办公楼，以及包含办公在内多种用途的办公综合楼。一般以较先进的设施和周到的服务吸引客户，以求较好的社会与经济效益。此类建筑在给小规模承租人使用时需要考虑将空间再次细分，给中等承租人使用时多为一层一家或两家，遇到大规模承租人则往往会给一个公司提供数层的办公空间。

3. 综合办公建筑

这是与除办公功能之外的住宅、商铺、旅馆等其他功能共同使用的建筑类型。例如，现在由多个使用功能不同的空间组合而成的建筑综合体，在各层之间或一层内的各房间内布局不同的使用功能，组成一个既有分工又有联系的公共空间形态。

（三）办公建筑的空间形态及构成

1. 办公建筑的空间形态

（1）外部公共空间

外部空间是由人创造的、有目的的外部环境（这里的外部公共空间的范围是办公楼前的外部公共空间），芦原义信在《外部空间设计》一书中，提出积极空间和消极空间的概念，他认为外部空间的设计就是将消极空间转化为积极空间的过程，也就是将本身松散、无意义的环境，组织、划分、经营成符合人的意愿、要求的外部环境，这一观点指出了城市环境中办公建筑外部环境设计的要点。办公建筑的外部空间具有明显的人工环境特征和明确的功能使用要求。

（2）过渡公共空间

过渡公共空间是建筑外部空间与内部空间的联系体，它将外部空间的室外特征和开敞感，过渡、转变成内部空间的室内特征和封闭感。所以，过渡公共空间常常是由半室外、半室内的建筑形式构成。对于高层办公建筑，过渡公共空间常常又是重要的外部空间界面，在高层办公建筑下界定出适合人的尺度和活动场所。过渡公共空间是一个模糊的领域，它的功能也常常不是绝对的，作为空间引导，环境塑造的美学意义往往超过它所能起到的使用上的意义。

（3）室内公共空间

室内公共空间的定义是相对室外公共空间来讲的，它主要包括地面和空中两种类型的室内公共空间。

第一，地面公共空间是建筑下部的公共活动中心空间，是外部秩序的进一步延伸，是各种活动集散、转换、分流的场所。城市街道的活动总是沿着水平、便捷的步行路线发展并深入建筑的内部空间。对垂直向发展的建筑而言，地面的大堂、中庭等中心空间是水平伸展的活动空间，它与城市行为模式相融，较易纳入城市的环境系统中，可视为外部水平方向序列的终端。地面公共空间一方面要容纳水平方向的活动，另一方面又要承担将水平秩序转换成垂直秩序的任务。对于综合办公建筑，这种地面公共空间对整体的完善起到了至关重要的作用：地面公共空间是高层综合楼最有象征性的室内空间，也是建筑的身份、地位的标志。由于它的公共性、多功能性，决定了它往往是建筑中尺度最大的内部空间，同时也是一处具有文化吸引力的场所。

第二，一般意义上的空中公共空间，是指办公楼室内公共空间中低层以上的部分，它是空中的公共活动场所。与地面公共空间相比，功能较为单纯，主要是人流的集散及休憩活动，服务的是局部办公楼层，因而规模、尺度都相应地较小，以实用、亲切、自然为主要的依据，为办公的人们提供了一个与办公室直接相连的、可以方便到达的公共活动场所。空中公共空间是联系上下垂直交通的重要枢纽，空中公共空间还是人员进入专属办公空间之前最后的公共空间，也是他们停留时间较长的区域之一，空中公共空间在办公楼中的地位不像地面公共空间那样受到重视，但从其所担当的功能和所处的位置来看，也应给予其很好的设计规划和景观组织，以改变其单调乏味的现状。

高层办公建筑塔楼部分的空中公共空间是高层建筑设计的新内容，以往的高层办公建筑设计，出于纯经济性的要求，很少有在主塔楼中拿出部分面积作为公共休闲用途的，而公共型共享空间一般也仅限于在裙房这类公共活动较多的低层部分采用。随着人们对环境的要求的提高、关于环境观念的发展，近年来，在高层办公楼塔楼中，采用各种形式的空中公共空间越来越受到重视，通过这种空间引入绿化、自然空气等要素也成为高层办公建筑环境设计的新课题。

2. 现代办公建筑公共空间形态构成

（1）线性空间构成

线性空间构成实际上就是一个空间单元序列，它们可以直接逐个相连，也可以由一个个独立的不同线性空间连接。线性组合最大的特点就是它具有极强的灵活性和适应性，它能很容易地适应建筑各种功能条件的要求，随功能的变化而变化。线性空间构成用在办公建筑公共空间组织上，常会采用水平布置或垂直布置的构成方式，如在百度大厦的设计中，建筑的空间序列沿着线性的构成方式将室外公共空间、室内公共空间、大厅、中庭有机地联系成一个序列。建筑内部的隐私性与建筑外部的公共性始终维持着不同片段的平衡，同时又保持着各部分的独立性。

（2）集聚型空间构成

集聚型空间构成是一种稳定的构成方式，它由一定数量的从属空间围绕着一个大的主要空间的中心空间所组成。集聚构成的空间组织形式表现出一种内在的凝聚力，虽然构成中的中心空间在形状上可以是多种多样的，但在空间尺度上必须足够大，以使它能聚集一定数量附属于它的从属空间。

（3）分散型空间构成

分散型的空间构成一种是将办公建筑中的小型公共空间沿着一条轴线串联起来的，它可以是对称的也可以是非对称的，这条轴线可以是直线也可以是曲线。另一种是大小不同、性质不同的空间，沿着多条轴线串联起来散布到建筑中的各个角落。分散式的空间构成最大的特点就是具有很大的灵活性，它可以与其他任何一种形式结合起来组织出复杂的公共空间。

（4）综合型空间构成

上述几种构成方式是办公建筑公共空间组织的基本构成方式，有各自的特点，相互间又有着千丝万缕的联系。一般情况下，特别是在一些比较复杂、空间形态要求不一的建筑中，常将几种方式结合起来灵活运用，这就是综合型建筑空间构成方式。

（四）现代办公建筑公共空间设计原则

1. 过渡性原则

办公建筑公共空间的设计，首先是要帮助办公职员完成心理上从室外空间到室内空间、从休闲状态到工作状态的自然过渡，同时应反映对初次来访者引导和指引的深思熟虑。人们从门厅经首层候梯厅、电梯、标准层电梯厅、走廊直至进入办公室的过程，应是由公共领域逐渐进入私密领域的过程。空间的过渡性，就是要为人们创造出一种序列化的艺术效果，一种在使用过程中逐渐感受建筑效果的机会。建筑公共空间的存在，满足了不同场合中人的心理感受。因此，建筑师心里应当始终将使用者摆在最重要的位置，只有这样，才能使自己的设计真正深入人心，创造出许多隐性的空间价值。

2. 便捷性原则

办公建筑内部公共空间最主要也是最基本的功能是人流的集散，因此空间的便捷性必不可少。首先，建筑师应当针对最广大和最普遍的使用者，尤其是要考虑到陌生人在办公楼中定向和觅路的需求，使环境具备可识别性，从而使人方便快捷地到达目的地。成功的设计不应当是简单机械地由墙或者房间名称来定义空间，而应当通过赋予各个区域鲜明的特色，使人们感受到空间的存在和差别。其次，在办公环境中，应用标识系统作为视觉引导，即"动线"的方向指引，同时也作为体现办公空间风格特征的主题元素。标志设计是办公机构的文化及特征的反映，因而在空间设计中，应充分利用标志的色彩、造型，将其融入室内环境，通过设计手段使标志不仅能够实现清晰的指引功能，也可以借此强化空间中的视觉冲击力。

3. 交往性原则

为了促进人们的交流和协作，应尽量消除通道与办公区的界限。利用通道等附属空间与办公空间的衔接来创造出各种交往空间，这既可以丰富人们枯燥的办公生活，彰显办公楼的人性化关怀，又可以提升其环境品质。在这些区域内设置舒适的休闲设施、配套的网络信息设备，增加工作的自由度，从而提供即兴的聚集地，使办公环境更灵活。另外，在工作人员或客户从办公空间的一端走到另一端的过程中，利用界面的艺术陈设等视觉装饰及色彩使人们形成一种"体验"，加强对室内环境的视觉感受。

4. 自然性原则

人类与自然越来越缺乏沟通，在建筑公共空间中引入自然空间，对改善建筑的物理环境有很大的帮助。它不但能显著改善建筑物的通风、采光条件，调节建筑物内部的小气候，而且还能通过对自然资源的利用，降低建筑物的能耗，从而达到保护生态环境的目的，恢复人与自然的联系，对于保持人类身心的健康，滋养精神、培育美感，有着不可替代的作用，而自然环境的引入正是解决上述问题的有效手段。人与自然在感情上有着千丝万缕的联系，这些自然现象都会在人的内心引起联想和共鸣。在设计工作中应根据实际情况，以适当的方式把自然引入建筑中来，使建筑物不但功能设施完善，又能与自然融为一体，给使用者提供人性化的自然工作环境。

二、展览类建筑及其空间设计

展览建筑作为公共活动的容器，其作用力不局限于展览活动本身，而是在更大的范围内对城市的发展产生着影响。因为展览建筑特有的文化辐射力和包容力，很多城市都将其视为激发城市活力、吸引旅游、繁荣城市文化生活的要素，在众多的城市复兴计划中，展览建筑都占有重要的地位。展览建筑也因此获得了更大的发展空间和动力，并成为带动当地文化复兴、经济复苏的有力举措。时代的进步、人民生活水平的提高、文化休闲产业的发展、收藏品的增加，以及城市本身的扩张和结构的调整，无疑都对现代展览建筑起到了很大的推动作用，同时展览建筑也承担起更多、更新的社会角色和城市角色，其功能构成也会越来越多元，成为文化活动的多元共生体。

现在，展览建筑所营造的公共空间已成为人们社会生活中的重要场所，并具有多种新的社会职能，而且大多数人乐于享受展览建筑所带来的开放、亲切的空间环境，它不仅是一个文化机构和艺术品展览的场所，更是一个社会公共交流的开放舞台。建筑师更加注重了对建筑空间的塑造，因为现代展览建筑的空间感和感知力的表达，比展品本身的物质呈现更重要。

（一）展览建筑的内涵

所谓展览建筑，是指能够容纳展览活动的建筑场所，随着信息时代的来临，展览建筑越发成为文化活动的信息载体。而展览活动则是指通过主题在建筑中的演出，实现人与人、人与物之间的信息传达、接受、交换和启发的一个过程。现在，展览活动已成为人们进行交流的一种重要形式，它对文化的发展和社会的进步起着重要的作用在本书中，对展览建筑进行细分，所涉及的展览建筑类型主要是指博物馆、博览会建筑和展览馆等，还包括大型综合建筑中具有展示功能的建筑单体。这些建筑都收藏了大量的展品，经过深入研究和细致的加工后，进行陈列展出，供人们参观学习，以提高人民的文化素质，扩大人民的知识领域展览建筑的存在，使人们不仅关注到了藏品的价值，更可以通过操作而获得某种技能。除此之外，人们不但学会了重视历史，而且利用展览建筑的本身也可发掘出现在与未来的某种联系，从而适应人们的多种要求。在展览建筑中，最主要的公共空间就是展示空间，随着展览活动的多元化和艺术的大众化，展示空间已经走出了传统建筑的限制，它不仅满足了建筑功能所需要的条件，还成为各类建筑及城市中的活跃元素，为城市居民提供了文化交流的场所。

（二）展览建筑的内部空间组织

建筑是空间的表现，在满足建筑使用功能的同时，还要使人有身临其境的舒适感受。现代展览建筑的研究不能局限于城市空间和外部空间的层面，它需要在分析其内在规律的基础上，适应时代的变化和人们对展览建筑要求的转变。从现代展览建筑自身需求的变革出发，增强设计的整体性与系统性，最终能够以公共空间促进交流与合作，进行内部空间结构关系的调整与创新，建立新的内部空间模式。现代展览建筑内部空间组织主要针对内部空间与使用者的关系及内部空间相互之间的关系，除了满足展览建筑的一般要求外，还必须注意平面空间形态、空间尺度规模、内部空间结构、交通流线、空间序列转变等要素，争取做到更优化的具有开放性、人性化与多样性的内部公共空间设计。

1. 平面空间形态

展览类建筑平面主要分为单体集中式和综合群体式两种基本形态。单体集中式是多数展览建筑采用的平面构成形式，是将展览建筑的各种必要功能空间及其他的辅助空间集合在同一个建筑空间体内的平面构成形式，如德国的奔驰博物馆、广州博物馆新馆等。综合群体式则是多个简单平面的结合或重复，是将现代展览建筑群连接为一个整体功能的平面构成形式。

随着人们接受度范围的加大，现代展览建筑的平面构成较为自由或极具个性。此种现代展览建筑的设计方法，有别于传统建筑的居中与对称性的心理定式，避免了保守与死板。虽然对称的建筑可以是美的，但并不是美的现代展览建筑都应该是对称的。通常在我们的建筑知识理论体系中，采用居中与对称可以突出自身的重要地位，显露出庄重与严肃的性格特征。现代展览建筑的设计可以庄重，但更应该运用活泼的自由个性化形体来体现亲切和平易近人的性格，如迪拜博物馆，造型夸张而富有个体现了现代展览的性格。

2. 交通流线组织

现代展览建筑的一个重要主题，就是试图营造出流畅且避免被任何物体破坏和打断的交通流线。建筑的形式应该强化内部的流动性和室内外的流通感，以提升流线组织和内部交通的地位，且在建筑形式上也应体现动态并倾向于营造富有变化的视觉景象。此类建筑的交通空间主要是在水平及垂直方向上组织参观人流的过渡空间，可分为仅起交通作用的独立交通空间，和在组织交通的同时将其他功能融入的复合交通空间。独立交通空间功能单一，形式简单，室内设计也比较简洁，在空间序列中属于辅助空间。而复合交通空间既满足交通功能，还可以形成空间序列中的小高潮，调解观众在参观路线上的心情，以增加趣味性。

3. 展示空间的空间序列

展示空间作为展览建筑中的核心空间，是公众参观、休息等各种活动的公共空间。它是对建筑空间形成认知的关键部分，其空间序列的组织设计是整个建筑设计的关键。空间序列是展示空间的主要构成因素之一，也是利用空间展开叙事的有效手段。在展示空间中，空间可能是固定不变的，但空间序列的安排就是为了让人动起来。当代展览建筑空间构成的一个特点是，更趋向将交通服务空间与展览空间结合在一起，不再像传统展馆那样把楼梯、通道这种过渡联系空间与展厅脱离单独设置，而是彼此交融。甚至把交通流线也作为一个非线性要素加以突出，大量运用斜坡道、天桥等，以增强空间的戏剧化效果。

传统的空间组织模式，是将单元式的展示空间通过线性的走廊按照一定的顺序和主次组织在一起，参观的路径是固定的，展示空间以一种静态、独立、完整的方式存在。而在当代展览建筑中，展示空间与交通空间常通过一种动态的方式相互渗透，相互融合，展示空间以不同的方式渗透进公共空间，使空间的功能分界模糊化，呈现出多样异质的特点。并且不同的展示空间有着不同的空间特色，其尺度、形状可能不相同，但是它们之间并不是孤立的，每个空间作为参观流线上的节点，共同形成了一个序列，构成了整个展示空间。空间序列的形成可以由一系列的展示空间有韵律地组合在一起，同时也可以由展示空间组合成的单元形成空间序列。

（三）展览建筑的发展趋势

随着社会的发展和越来越新的需求，展览建筑除了展览功能外，也在不断地增加其他功能来丰富和配合展览活动的进行，而且时代越发展、社会越进步，这部分功能在展览建筑中的作用就越重要，从而使展览建筑变成一种文化活动的多元综合体。今天的展览建筑的功能已不再局限于传统的展示、收藏、研究、教育等几大功能模块，它正向着更为多元的方向拓展。

以信息技术为核心的数字化深刻地影响了建筑设计领域，很多建筑师开始有意识地利用数字技术来探索建筑空间中新的可能性。作为一种开放性的建筑类型，展览建筑也正在经历着这种变革。新媒体技术的迅猛发展、重新构建并深刻影响着信息时代展示空间的发展，它通过电子介质手段，从视觉、听觉、触觉、味觉等各个感观层面营造着特殊的空间趣味。影像脱离了以语言为中心的理性主义形态，转向以形象为中心，代表人类思维方式的转变。展示空间可以很好地为影像与建筑提供一个契合点，影像设备已经成了展示空间不可或缺的设施，地板、墙壁、天花等所有的建筑构件都变成了影像传输和多媒体展示的装置。空间、装置、媒体和人的感官体验这些因素被重新整合。甚至有时，观者会无法体会到空间的真实形状，即空间的界面由于影像信息的投射使物质形态"消解"了，空间呈现出了漂浮不定的模糊特征。

目前，我国已经有很多展览馆开始重视数字展示的建设，有多家博物馆开通了数字博物馆，如中国国家博物馆、上海博物馆、鲁迅纪念馆等，很多博物馆的网站也正在建设中，实际的展示空间变换成了虚拟的网络展示。虚拟展示空间依赖于互联网上的信息库，它是无边界的，在互联网环境下，人们可以随时随地获取展览建筑的信息，不受传统建筑的时空限制。在虚拟展示空间中，同样存在着空间的形态设计、功能设计和塑造场所精神的问题，只不过由于虚拟空间本身的模糊性与可变性，虚拟展览空间超越了在我们意识中已经习惯了的围合、持久的物理空间，已经成为一种具有无限可变和带有巨大复杂性的全新空间形态。

三、交通类建筑及其空间设计

交通运输业的地位在现代社会中越来越突显。当前交通行业的发展形势促进了交通枢纽建筑的设计研究，加快了枢纽站场建设，提升了集约化组织与服务能力，成为未来国家发展的重点。在建筑设计上，交通建筑在实现跨越式发展的同时，更加注重了对交通建筑公共空间的研究，如极具特色的候乘空间，尤其在铁路客运站与机场航站楼设计中，对大型交通枢纽候乘空间的空间特性、功能流线、建筑界面等方面会更加重视，各地建筑师们都在努力做出适宜地域性建筑特征的设计。在我国高速铁路建设的腾飞时代，铁路客运站及新兴的高铁车站建设及改造项目已大规模展开，当前铁路建设正朝着绿色化、信息化、高速化有序地发展。随着经济全球化趋势的深入发展与民航业的崛起，民航客机已逐渐成为一种普遍性的交通工具，民航业高速发展，空前的建造量与建设规模使机场航站楼的地域化创作研究迫在眉睫。在这样的时代背景下，交通类建筑的发展得到了很高的重视，同样对建筑师们也提出了更高的要求。

（一）交通建筑及其空间特征

1. 交通建筑

交通建筑包括空港航站楼、铁路旅客站、公路客运站、港口客运站、地铁轻轨站、高速公路服务区和城市公交换乘站等。交通建筑主要承载着两方面的功能：①是交通工具的停靠站；②是联结交通工具、轨道与城市空间道路之间的媒介与中转空间。它具有承担客流大规模瞬时集散、快速疏导的功能，保证各种交通工具的对接与便捷换乘等特点。在交通建筑中最典型的两种类型是机场航站楼与铁路客运站，也是目前综合交通建筑发展的重点建设对象。

2. 交通建筑的空间特征

（1）大跨度空间的开敞性特征

客运站、码头、机场、地铁站入口、火车站风雨棚，这些空间无论是古典宫殿式型制，还是轻质材料的样式都尽可能地反映着时代的跨度技术。大跨度结构形成的具有一定高度、长度的大空间，达到了围合空间的目的，满足了交通建筑等候、登乘等功能的要求。大跨度下的结构方案、材料选择、构造设计赋予了交通建筑生动的表现力。

交通建筑空间的开敞性体现在内部空间和外部空间两个方面。大跨度的结构体系使建筑空间的开敞性与生俱来，在复杂的交通建筑中，旅客的第一需求是拥有清晰的方位感和明确的行为方向。这种以大空间的形式传达的开敞性，能够满足旅客的心理需求，满足视线直达和行为直达的需求。完整的、通透的、开敞的大空间是未来交通建筑所倡导的快捷、高效的发展方向。外部空间开敞性是交通建筑的性质所决定的。城市街道可进入建筑空间，城市广场对建筑空间是开放的，疏导和集结着交通建筑的人流。

（2）复合的功能性空间

功能的复合性是指同一空间中多种功能层次的并置和交叠。在交通建筑中，商业功能的介入是必不可少的，如购物、娱乐、休闲、休息及商务等功能的融合。然而，交通建筑功能复合化的根本应该是交通的多元化，体育场馆是将观众和比赛场地覆盖的大空间；剧场是将观众和舞台覆盖的大空间；展览馆是将参观者和展品覆盖的大空间；交通建筑是将旅客与一种或多种交通工具复合在一个大空间中，建立和谐行为秩序的大空间。而目前交通枢纽的功能复合是保证行为者到飞机、火车、城市轨道、汽车甚至步行等交通方式的最便捷场所，这种复合是一种使主要功能更优化、更明确的复合。

（3）整体化空间特征

交通建筑空间与城市公共空间的高度整合，包括城市广场、步行系统、商业街与交通空间的融合，在巨大尺度的建筑空间中，一体化的设计可以创造出适宜的尺度，让身居其内的人们不会感到空间过大或过小。此外，交通建筑的巨大空间对环境的影响控制能力是巨大的，这种空间既不是体育馆，也不是影剧院，它不应该是一个封闭的空间，而应该是进出自由的城市空间，其一体化的设计有利于城市设计整体性、连续性的开发。城市发展到一定阶段，对城市土地资源的利用开始从地面扩展到地下，以求更好地利用城市空间，最大限度地发挥城市土地的价值，这是当前决策者关注的问题，同样也给设计师们提出了新的要求。城市空间多元化与各类公共建筑之间的衔接成为当前城市设计中的重头戏，其中，交通建筑承担着非常重要的角色。

（二）交通建筑中的候乘空间及其特征分析

1. 候乘空间的概念

候乘空间是交通建筑中按功能划分的旅客使用空间。候乘空间的主要功能是承载交通建筑中疏散旅客的候车与乘车空间，按照使用与停留状态的不同，分为等候空间、通过空间、礼仪空间和其他附属空间。"候乘"，决定了空间的属性。其一，它是为使用交通工具的目标人群旅客设定的，其主要功能就分为等候与通过功能。其二，从使用功能来看，候乘空间包括交通建筑的礼仪性空间、等候登乘空间、通过空间、功能空间（如商业零售空间、休息娱乐空间、绿化空间等）和配套服务设施空间。从服务对象层面来看，候乘空间的使用者为通过交通建筑来登乘各种交通工具的旅客。

建筑空间是建筑设计的灵魂，唯一使建筑有别于所有其他艺术的特征就在于空间。人类各种活动需要不同的建筑空间，因为人们的行为方式和内容不同，建筑空间的形态也会呈现出不同的特征。交通建筑的候乘空间会呈现出与其区位、功能、使用对象、空间属性相对应的特征。

2. 候乘空间的特征分析

（1）候乘空间的尺度特征

交通建筑是大空间公共建筑的一种，因而候乘空间首先具备了大空间公共建筑的属性，提升空间品质，创造与功能匹配的空间性质成为目前交通建筑空间设计的重点。候乘空间，即交通建筑的主要使用空间。它是在建筑学的视角下将与空间相关联的外部物质要素与空间的抽象定义之间寻求连接的桥梁，最终使抽象空间概念得到实体的表达，完成从艺术到技术、从精神到物质的结合与转化。作为大空间公共建筑的一种类型，大空间建筑的"大"直接体现在空间尺度上就是无论进深、开间还是高度都超出了一般民用建筑的尺度范围，这也是由交通建筑的标志性特征及使用需求所决定的。

（2）候乘空间的功能特征

从使用功能来看，候乘空间包括交通建筑的礼仪性空间、等候登乘空间、通过空间、其他衍生的功能空间（如商业零售空间、休息娱乐空间、绿化空间等）及配套服务设施空间。礼仪性空间一般是航站楼与火车站的空间序列的前导空间，负责总体集散，疏导人流等；等候空间在传统布局中表现为封闭等候室空间，承担着短时段瞬间大规模人流集散的功能，也是候乘空间中占据面积最大的使用空间；通过空间为交通联系空间，作为分散布置，其空间形态并不明显，一般为联结等候空间与登乘交通工具的通道式空间，如机场航站楼的旅客通道，铁路客运站的进站及出站通道，以及内部交通空间等。因此，等候空间与通过空间的关系变化成为掌握交通建筑空间组合形式的关键。

作为大空间公共建筑的一种类型，交通建筑的候乘空间具备空间组合方式相对简单、功能相对单一的特征，大型交通建筑的空间组合模式，需要满足乘客的大规模流动需求，空间组合要有一定的连续性，这种连续性的空间组合模式可以演变出千变万化的组合形态。例如，我国的铁路客运枢纽的功能组合已经发生了巨大的转变，国内传统的客运站三段式布局向以通过空间为主导的模式发展，高架站房的模式是将通过空间强化进深方向拉伸为通过空间，作为将快速分流到交通工具换乘点（如铁路站台）的通道，而等候空间的形态则趋于模糊，逐渐由独立封闭的空间个体向模糊无界限的附属空间转化。

所以说，现在交通建筑的空间复合性更强，商业、休闲、文化娱乐空间等会以隐性空间的形式附着在候乘空间的使用功能之上，这需要保证最快捷高效地疏通人流，同时，能够以主要使用空间带动附属空间，使之形成一体化的积极空间，创造出便捷高效的通道式空间与舒适宜人的等候空间。另外，在空间组合上是向多元化的综合大跨度空间发展的，空间从封闭单一走向开敞流动，以大型空间为组合中心，围绕其布置辅助功能，辅助使用空间保持与主要使用空间比较密切的联系，保持内部空间的开敞流动，这是新型候乘空间的基本布局特征。在流线上更强调空间的导向性与流线完整性，配套商业及休闲空间以不干扰流线方向为设计原则。

（3）候乘空间的细部特征

所谓细部主要指的是建筑装饰装修工程中局部采用的部件或饰物。建筑作品无论演变出何种风格流派，都无法脱离对建筑细部的设计。因此，建筑的细部特征成为一个作品的决定性因素之一。建筑细部的类型广泛，在建筑的平面、立面上，每一个节点都可以称为细部。交通建筑候乘空间中的细部设计大约可以归纳为两类：与结构有关的细部，称为结构性细部；与装饰有关的细部，称为装饰性细部。两种细部设计都可以营造出耐人寻味的公共空间，尤其是对于展示城市地域特色的交通类建筑。设计师已经不再仅重视建筑的界面特色，而将更多的关注点放在了室内功能空间的营造上，以人性化的细部设计为切入点，让使用者在对建筑功能的使用过程中，充分享受极具特色的公共空间带来的舒适感。

（三）交通建筑的发展趋势

交通建筑的发展主要体现在大型铁路客运站和航空站的建设上，现已向着综合化的交通枢纽中心发展，多采用大空间的建筑形式，因为这些交通建筑综合了各种交通工具，聚集了大量的旅客，因而对环境、交通、城市的规划和发展具有极其重要的影响力，为了人类的长远利益，交通建筑必须朝向生态化和持续化的方向发展。

随着技术的发展，交通工具从单一向综合发展，交通建筑也因此从单一走向综合，以适应城市发展的需求，满足人们多样化的需求。交通建筑是城市的重要建筑，具有两大功能：首先，它要满足预测内客流量的交通方式，必须将机场、铁路、地铁轻轨、城市公交等有秩序地综合起来，实现交通的便捷、快速、畅达；其次，要将可链接的城市空间如城市广场、街道、城市公建合理地综合起来，向着综合化方向发展。

生态化已成为人类生存环境发展的主旋律，因而应运用各种有效的生态技术来改善自然和人工环境。只依靠机械的调节，容易造成恶性循环，使交通建筑空间面临严峻的生态问题。建筑内部空间的室外化、自然化是交通建筑空间设计以人为本、注重生态化倾向的有效措施之一。绿地和植被与大空间融合共生，形成低能耗的自我调节内部小气候，同时通过利用地方地志的各种因素，采用适宜技术达到节能的建筑形态。从城市可持续发展的角度出发，我国城市交通应大力发展轨道交通，包括地铁、新型轨道、高架轻轨等。交通建筑应面向可持续发展的城市总体规划，做好预测和设计，不能盲目求全、求大，而且应考虑未来的大空间再利用问题。虽然目前旅客的保有量稳定，但交通建筑空间的发展要保持持续性，必须结合地域特点使其与城市的发展相配合。

因此，建筑师在设计上应充分考虑旅客的空间体验，由于交通工具的延误、晚点频繁发生且无法控制，因而经常发生旅客大量滞留的情况。在这种情况下，从旅客等候登乘这一时段内的感受出发，等候空间的趣味性就显得尤为重要。将旅客的视觉等感官体验需求，与地域文化的表达结合起来，可以起到事半功倍的效果。同时，更加重视在扩展传统空间概念上做文章。中国传统建筑讲求空间的趣味性表达，如园林艺术中的造园法则，官式建筑的空间序列感。历史建筑中不乏空间特色明显的设计手法，如官式建筑端庄大气严整和谐的空间品格、传统空间的虚实转移、空间序列的营造、园林空间的因借关系等，都可以为交通建筑所借鉴，实现对传统空间进行抽象与再演绎的设计，并服务于现代的大空间建筑设计。

第五章 居住空间的室内设计

第一节 居住空间室内概念基础

一、居住空间设计的理念

居住空间设计以各类住宅为设计对象，它以家庭为背景，以环境为依托，对于人们的生活质量有着直接且重大的影响。从创造符合可持续发展，满足功能、经济和美学原则，并体现时代精神的居住环境出发，以科学为功能基础，以艺术为表现形式，根据对象所处的特定环境，对内部空间进行创造与组织，满足安全、卫生、舒适、优美的功能需要。

（一）环境为源，以人为本

居住空间的设计和创造者决不可急功近利，只顾眼前，应充分重视可持续发展、环保、节能减排等现代社会的准则，坚持人与环境、人工环境与自然环境相协调，空间设计与室内外环境相协调。

设计的目的是通过创造为人服务，居住空间设计更是如此。要遵循以人为本的原则，从为人服务这一功能的基石出发，设身处地为人们创造美好的室内环境，因此，现代居住空间设计特别重视人体工程学、环境心理学和审美心理等方面的研究，科学深入地了解人们的生理特点、行为心理和视觉感受等。

（二）实用性与经济性相结合

实用性就是要求最大程度地满足室内物理环境设计、家具陈设设计、绿化设计等，空间组织、家具设施、灯光、色彩等诸多因素，在设计时要通盘考虑。

经济性是以最小的消耗达到所需的目的，不是片面地降低成本，不以损害施工效果为代价。

（三）科学性与艺术性相结合

现代居住空间设计应充分体现当代科学技术的发展，把新的设计理念、新的标准、新型材料、新型工艺设备和新的技术手段应用到具体设计中。人们只有在日常生活的地方接触新的科技成果，才能更好地体会现代科技的发展。

现代居住空间还应充分重视艺术性，创造出具有视觉愉悦感和文化内涵的居室环境，形成具有表现力和感染力的室内空间形象，总之，室内设计是科学性与艺术性、生理要求与心理要求、物质因素与精神因素的平衡和综合。

（四）时代感与文化感并重

居住空间环境总是从一个侧面反映当代社会物质生活和精神生活的特征。无论是物质技术还是精神文化，都具有历史延伸性，追踪时代，尊重历史，因此需要设计者自觉地在设计中体现时代精神，主动地考虑满足当代社会的生活活动和行为模式的需要，分析具有时代精神的价值观和审美观，积极采用当代物质技术手段。

二、居住空间设计的原则

（一）安全

任何设计，在发挥其正常的功能作用之前，首先要考虑的问题就是安全。在居住空间设计与施工的过程中，应注意和避免对建筑原结构的调整。此外，装修过程中应注意使用强度较高的优质材料，做好强弱配电图纸，进行无障碍设计等。在设计之初，就应当对安全问题高度重视，因为每项内容都是和最基本的安全需求息息相关的。

（二）健康

空间的目的是服务于人。应始终坚持以人为本的设计理念，确保人的安全和身心健康。身心包括两个层面，"身"指生理层面，"心"指精神层面。

1. 生理层面

设计在采光、通风、采暖和私密等基本问题解决的基础上，材料的选择、人体工学设计方面要做到人性化，要使设计的空间贴近每个家庭成员的生活，让他们使用起来更加简单合适。例如，坐便器上的加热盖板、除臭设计，厨房合理的操作尺度设计，空间中使用无毒、无污染的环保材料等，这些是空间设计最重要的一点，因为空间是为人设计的，不是一个简单的艺术品。

2. 精神层面

现代居住空间设计特别重视文化归属、环境心理学及审美心理等方面的研究，要从科学、人文方面深入了解家庭各成员的行为心理和视觉感受，从健康的角度综合处理人与空间的关系及空间与人的交往，更好地体现以人为本、健康设计的理念。

（三）舒适

舒适度主要取决于空间封闭程度带来的开敞与私密，空间的大小带来的拥挤与空旷，也取决于空间中人、物、活动、噪声、色彩和图案等的相互关系。居住空间设计的根本就是处理好人与物之间的相互关系。因此，要营造一个舒适的空间，就要处理好室内陈设与空间的关系，并处理好物体及空间色彩、尺度等之间的相互关系。

（四）美观

任何好的设计都应遵循一定的美学规律，如比例、尺度、韵律、均衡、对比、协调、变化、统一、色彩和质感等，居住空间设计也是如此。人们通过观察空间中的形、色、光与陈设，产生主观的审美情感，这种美感所带来的空间意境的形成，必须经过长期的艺术训练，因此，提高设计师自身的艺术素养和审美能力，对于提高空间设计的水平至关重要。此外，还应在美观的基础上强调设计的标新立异和独特构思，只有这样才能满足人们日益增长的个性需求。

三、居住空间设计的内容

（一）居住空间的组织调整

居住空间是由多个不同空间组成的，每个空间存在着不同的功能区，每个功能区需要有与之相适应的功能来满足人们在室内的需求，一个完整的人居空间，其功能就是让人在里面进行较高质量的休息和睡眠、学习和工作、下厨进餐、洗漱、卫浴等活动。设计师通过调整空间的形状、大小、比例，决定空间开敞与封闭的程度，在实体空间中进行空间再分隔，解决空间之间的衔接、过渡、对比、统一、序列等问题，从而有效利用空间，满足人们的生活和精神需求。

（二）界面处理

界面处理就是对围合成居住空间的地面、墙面、隔断、顶面进行处理。其处理既有功能和技术上的准则，又有造型和美观上的要求。同时，界面处理还需要与居室内的设备、设施密切配合，如界面与灯具的位置、界面与电器的配置等。

（三）居住空间物理环境设计

在居住空间中，要充分考虑采光、照明、通风和音质等方面的效果，以及促进人的身心健康，并充分协调室内水电等设备的安装，使其布局合理。

1. 采光

有可能做到自然采光的室内，应尽量保留可调节的自然采光，这对提高工作效率，以及促进人的身心健康等方面都有很大的好处。

2. 照明

依据国家照明标准，提供居室合适的整体照明、局部照明、混合照明以及装饰性照明，并配合居室设计选择适合的照明灯具。

3. 通风

主要以做好室内自然通风为前提，依据地区气候和经济水平，按照国家采暖和空气制冷标准，设计出舒适、经济、环保的居室通风。

4. 音质

根据室内特定音质标准，保证居室声音清晰度和合理的混响时间，并根据国家允许的噪声标准，保证室内合理、安静的工作生活环境。

（四）居住空间家具陈设设计

家具陈设设计包括设计和选择家具与设施，将审美与使用相结合，同时选择各种织物、艺术品等，既体现实用性，又提升室内环境的艺术氛围与艺术品位。

（五）居住空间绿化设计

人们在完成一天的工作后，渴望回到家中好好休息，绿色因具有减轻疲劳的心理功能，日益成为居室设计的要素之一。将绿色引入室内，不仅可以达到内外空间过渡的目的，还可以起到调整空间、柔和空间、装饰美化空间，以及协调人与自然环境之间关系的作用。

四、居住空间设计的对象

随着现代社会的急速发展，单一的居住空间类型不可能满足各种现实需求，加上不同经济状况和客观环境条件的限制，居住空间设计呈多元化发展趋势，形成众多通过多样化的空间组合来满足不同生活要求的居住空间。

（一）单元式住宅

指除卧室外，包括起居室、卫生间、厨房、厕所等辅助用房，且上下水、供暖、燃气等设施齐全，可以独立使用的住房，一般指成套的楼房。

（二）公寓式住宅

不同于独院独户的西式别墅，公寓式居室一般在大城市里，多数为高层大楼，每一层内有若干单户独用的套房，包括卧室、起居室、客厅、浴室、厕所、厨房、阳台等。还有的附属于旅馆或酒店，供一些经常来往的客商及其家属短期租用。

（三）跃层式住宅

指居室占有上、下两层楼面，室内各空间可分层布置，上、下两层之间采用户内独用小楼梯连接。其优点是每户都有较大的采光面，通风较好，户内居住面积和辅助面积较大，布局紧凑，功能明确，相互干扰较小。

（四）复式住宅

一般是指在层高较高的一层楼中增建一个夹层，两层合计的层高大大低于跃层式住宅

（复式一层一般为 3.3 m，而跃层式一般为 5.6 m），复式住宅的下层供起居用，如厨房、进餐、洗浴等，上层供休息睡眠和贮藏用。

（五）别墅住宅

"别墅"是指在郊区或风景区建造的供休养用的园林住宅。它最大的特点是将自然环境景观和室内居住空间完美地结合在一起。常见的别墅形式有以下两种。

1. 独栋别墅

独门独院，上有独立空间，下有私家花园领地，是私密性极强的单体别墅，表现为上下、左右、前后都是独立空间，一般房屋周围都有面积不等的绿地、院落。这一类型是别墅历史中最悠久的一种，私密性强，市场价格较高，也是别墅建筑的终极形式。

2. 联排别墅

一般由几栋或者十几栋小于 5 层的低层住宅并联组成，每栋的面积大约为 $150 \sim 200 \ m^2$，前后有自己的独立花园，但花园的面积一般不会超过 $50 \ m^2$，另外还有专用车位或者车库。这类低层、低密度的花园住宅能满足人们对良好居住环境的需要，能提供一种"宽松、舒适、安静、自由独立"的居住环境。

五、居住空间设计的发展趋势

（一）功能化

当今设计界的设计核心——"设计是为大众"，倡导功能是现代设计的主要内容。人们的生活内容已经变得十分丰富，这使人们在有限的空间里，通过合理、多样的功能设计和自动化的电器设备满足增加的功能需求。现代简约设计搭配大胆的颜色，通过材质的变化，营造出独特的室内空间环境氛围，各个使用空间相互连接、穿透和延伸。

（二）个性化

工业化生产留下了千篇一律的楼房、室内设备，还有相同的生活模式，这些同一化的居住环境给设计带来了许多不便。因此，通过设计塑造个性化的物质和精神生活成为社会的普遍共识。个性化的居住空间设计应充分考虑使用者的兴趣爱好、职业、年龄、生活方式等因素，合理利用材料、家具、陈设、绿化等，创造不同形态和内涵的居住空间。

（三）科学化

1. 经济意识

经济意识是理性的成本意识，它不仅指钱财、人力、时间的投入，还包括色彩、造型和空间等一切空间因素的运用。"少就是多"的设计理念就是经济意识的最好体现。

盲目、不计成本的居住空间设计不能为人们带来真正的生活乐趣，反而徒增了许多烦恼。在许多情况下，居住空间环境可以通过合理的设计节约空间建设的成本。

2. 可持续发展

居住空间环境的可持续发展包括环境保护和空间可持续变化两方面。

随着对环境的深入认识，人们意识到环境保护并不只是使用无毒、无污染的装修材料那么简单，使用节能绿色电气设备和可循环利用的材料，减少不可再生资源浪费，以及再利用旧建筑空间等，都能减少对生存环境的破坏，同时也对下一代的环保意识起到促进作用。

结构良好的建筑可以使用几十年，而居住空间内部环境的使用时间较短，更新频率快。家具、陈设和绿化的组合远比墙面更容易灵活地划分空间，可持续变化的空间能够引导使用者参与设计，使居室具有更持久的生命力。

（四）技术化

1. 规范生产

大规模工业化的社会生产创造了丰富的物质文明，从建筑空间、墙体到室内装修材料、家具、设备和装饰物都有一定的生产标准，加速了室内空间环境模块化、规范化的发展趋势。

现代设计是社会经济活动的重要环节，高效率、低成本的工业化生产原则引入设计领域，使设计工作的分工协作更为明确。方案设计、预算报价、效果图制作、施工图制作、施工等不同工种之间加强协调和配套，也要求设计师具有更高的专业能力和团队协作精神。

2. 科技运用

随着社会的发展，新科技技术从发明到实践运用的周期越来越短。节能、环保、自动、智能这些生活理念与科技结合后，新材料、新电器设备、新施工技术不断出现，使居住空间环境的科技含量大为增加，并延伸空间环境的各个方面，满足了人们复杂多样的需求。

智能化是高度的自动化，家居空间智能化是把各种材料、设备等要素进行综合优化，使其具备多功能、高效益和高舒适的居住运营模式。智能化布线可以提供网络、电话、电视和音响的即插即用，避免重复投资；先进的保安监视系统可以随时监视室内空间环境，并在火灾、煤气泄漏及被盗时自动报警；自动控制系统可远程通过网络自动控制照明、冰箱、空调等家电设备。

第二节　居住空间的功能、布局与形式处理

一、各类空间的具体功能和特点

住宅的户内空间是由一系列领域构成的，包括三部分：

第一，客厅、起居室、餐室、日光室、儿童游戏室、健身房等构成的家庭共同生活领域。

第二，卧室及浴厕、工作室、书房、家政室等构成的私人生活领域。

第三，门厅、过道、贮藏室、车库等构成的过渡领域。

私人生活领域的形成是为满足个人得到独处、休息、睡眠和爱情的需求，是一方私密的自由天地。共同生活领域的形成是因为家庭生活的本质就是相互间自愿的共同团聚，家人在这一空间中一起分享家庭的温暖与关爱。而过渡领域则起到一个串联和功能补充的作用，是住宅中不可缺少的节点。

顾名思义，家庭共同生活领域应该是一个开放的空间，每个家庭成员的各种起居活动均与相应的空间密切相关，家庭共同生活领域对人们的身心健康、性格的形成、素质的培养、创造力的发挥等都有深刻的影响。这类空间一般包括客厅、起居室、餐厅、厨房、儿童游戏室、健身房等。

二、客厅、起居室

客厅和起居室是家庭团聚、休息、娱乐和接待的空间，是住宅中最具综合性和公共性的部分，这一区域的使用频率最高，使用人数也最多，它是户内空间的重要组成部分，也是主人经济实力、社会地位和个性修养的表露和象征点。

在一般的集合住宅中，因为面积的制约，客厅和起居室往往是同一个空间概念，而在

独立式小住宅中，由于功能的进一步细化和面积指标的许可，常将客厅和起居室分开设置。在这种情况下，客厅与起居室的主要区别在于：客厅是接待正式客人或组织正式社交活动的场所，起居室则是家庭成员日常的、非正式的休息娱乐场所。

客厅的面积一般在 24～36m²，平面形式要较完整，至少能够放下一组 5～6 人的沙发。在很多小住宅中，客厅常被设计成二层甚至更高的共享空间，以突出这一部分的重要性。

起居室则主要用于家庭内部成员的日常活动，因此又称为家庭活动室或家庭室。这部分的空间一般由休息队、娱乐队等组成，家庭影音中心、儿童游戏区有时也被安排在这一空间里。起居室的面积一般为 20～40m²。现代影音中心的设备一般包括大屏幕彩电成壁挂式摄影幕、投影仪、录放像设备、通信电子音响系统。影音中心的面积一般不小于20m²，房间进深不小于 5m。影音中心除先进的声像系统外、还配有舒适的座位和专门放置碟片的橱柜，房间内尽量少设门窗，室内应有良好的吸声保音措施。

客厅、起居室的设计最具灵活性，它们既可以单独设置，也可以将两者合并。在许多情况下还可以将起居室和餐厅或厨房结合在一起设置，以使室内空间产生更多的灵活性和流通性。同时，要注意避免开门过多和空间的穿破影响功能使用以及家庭气氛的塑造。

对这类空间的设计可以采取多种手法，如平面形状的变化，室内采用高低隔断来分隔空间，地面及顶棚抬起或下沉，与楼梯、餐厅、书房、庭院的联系或结合，共享空间的创造，灯具、艺术品的点缀，空间限定手法的运用等。

三、厨房、餐厅

厨房的基本功能是配制，烹饪食品，也是主人一展身手的地方。

厨房设备，贮柜和家具的布置要方便实用，避免家庭主妇来回奔波操劳。一般厨房通常划分为三个组成部分，即贮藏和调配中心、清洗和准备中心及烹调中心，假如用线来连接厨房里的这三个中心，就形成一个三角形，称为工作三角。一个合理而理想的厨房，其工作三角的边长应为 3.7～6m。

厨房中工作三角上的这三部分位置，可以各不相同，但最有效的布置方式，一般可归纳为以下类型：

第一，U 形厨房。U 形厨房是一种很有效的布置方式，水槽位于 U 形平面的底端，灶炉和电冰箱布置在相对两面。在这种布置方式中，穿过厨房的过境交通线与工作三角完全分离开。U 形两边之间空间一般为 1.1～1.5m，这样布置的厨房面积不大，用起来却非常方便，图例表示不同的 U 形厨房的布置方式以及所形成的工作三角位置。

第二，半岛式厨房：半岛式厨房与 U 形厨房相类似，但有一条边不贴墙，烹调中心常常布置在半岛上，而且一般是用半岛把厨房与便餐室或家庭活动相连接。

第三，岛式厨房：有时将调理台或灶具独立出来，形成一个岛式的厨房布局，这一形式常常出现在较大且宽敞的厨房设计中。

第四，L形厨房：L形厨房是把柜台、器具和设备贴在两相邻墙上连续布置。工作三角避开了交通联系的路线。剩余的空间经常利用来放其他的厨房设施，如进餐或洗衣设施等。如果L形厨房的墙面设计过长，厨房使用起来就会不够紧凑方便。

第五，走廊式厨房：沿两面平行墙布置的走廊式厨房，对于狭长房间，是一种实用的布置方式。

第六，单墙厨房：对于小规模的住宅厨房，可以将几个工作中心设于一个边上，但应避免流线过长，并且必须提供足够的贮藏设施，在独立式小住宅中较少出现这一形式。

因为厨房是一个家庭中服务面积的核心，所以其位置要靠近服务入口，并接近餐厅和室外饮食处。在现代生活中，厨房的环境因素也应综合考虑在内，设计规范规定，国房必须对外开窗，同时设排烟口，有条件的情况下还应注意阳光与朝向，以及边操作边与家人谈话——以达到心理上的满足。

餐厅是家人共同进餐、享受天伦之乐的地方，也是款待亲朋好友、展示家庭主妇精湛手艺的场所。餐室的两面设计应以就餐人数及相应的餐桌尺寸为依据，面积一般在 $9\sim 15m^2$，餐室空间的单独设置有利于避免与户内其他活动相互干扰，形成良好的就餐环境。

在规模较大的独立小住宅中，往往还设有便餐室，或称早餐室，结合厨房一起设置，形成一个比较开放、轻松的空间，有时我们会在厨房和便餐室之间利用家具进行一些空间的分隔，在这种情况下，应该注意家具的设置避免造成视觉上的阻碍而形成不理想的空间形态。有的在餐厅前设庭院或开敞平台，供夏季晚上用餐，既凉爽又与自然融合在一起，享受另一番风情，当厨房和便餐室合设时，面积一般为 $10\sim 20m^2$。

餐厅的设计可以追求一定的空间变化和趣味，家具的配置、灯光的运用、地面和顶棚的处理都能体现出设计师的匠心。

四、日光室、儿童游戏室和健身房

在比较豪华的独立式住宅中，还设有日光室（又称花房）、儿童游戏室和健身室。

日光室一般由大面积的落地玻璃和玻璃屋面围合而成，是室内空间的扩大和延伸。日光室应有较好的朝向——南向或东南向，在室内即可享受阳光的照射，日光室内可以养殖花木，冬天可以在此休息、活动或用餐。

儿童游戏室一般需 $10\sim 20m^2$，平面呈方形或接近方形，可以铺设大型的电动玩具，供父母和儿童一起玩耍。

健身房可单独设置或与日光室等合设，放置一些简单的家庭健身器材，供家庭成员使用。

五、私人生活领域

除了共同的家庭生活之外、每个家庭成员都需要属于自己的私密生活空间，如卧室、工作室、书房等。

（一）卧室

卧室是供睡眠休息等个人私密活动的空间，是住宅中最重要的组成部分，它是使居住者得到适度的解脱、真正的松弛、完全的休息、获得心理平衡、体力恢复，以利自我发展的场所，它要求有极强的自主性和私密性，力求保证每个成员均能在自己的"小天地"里不受任何干扰，专心致志地从事个人活动，同时具有自主的支配权。卧室内一般由寝区、化妆区、储物区、学习休憩区几部分组成，卧室环境应温馨、亲切、和谐、宁静、含蓄、柔和、轻松，以充分满足主人的个性要求。

卧室因居住对象不同，可以为主卧室（夫妻室）、儿童室、青年室、老年室、工人房、客房等。每个卧室的从属性是相当明确的，一般不混用。

卧室（夫妻室）：主卧室是户内最恒定的空间，使用年限长，具有强烈的心理地域感和私密性，因而要有良好的朝向和隔声、隔视条件，使之具有完全的排他性。在独立式小住宅中一般主卧室都附设专用的浴厕。一个理想而正规的主卧室应该由五个部分组成，睡眠区、休息区、盥洗穿衣区、贮衣区和卫浴区。

儿童室：要适应儿童的发展特征，使儿童室具有启蒙，调动好奇、好学的智慧，发展创造性兴趣，勇于探索未来和促进身心健康发展的作用。儿童室应保证充足的阳光，开阔的视野，明快、生动活泼的色彩和完整而有节律的活动空间。

青年室：是以居住 13 岁至成年期的未婚青年为主的居住空间。

老人室：供父母、长辈居住的卧室，一般设在比较安静的地方，同时尽可能要有良好的日照以保证卫生条件。

工人房：供保姆、帮佣居住的生活空间，一般面积在 $6\sim9m^2$。

客人房：是提供给客人临时居住的卧室，有壁柜等储存空间，具有较强的独立性，一般安排在底层。

卧室的规模与就寝人数和卧室性质有关，主卧室一般以 $12\sim25m^2$ 为宜，双人次卧室一般以 $10\sim14m^2$ 为宜，单人次卧室则以 $6\sim10m^2$ 为宜。

（二）工作室及书房

工作室和书房在大部分的住宅中是同一个空间概念，一般面积为 $12\sim20m^2$。在其内部两侧墙壁上，往往布置有高达顶棚的专用书橱，与客厅内摆设的书橱不同，这种书柜内的藏书与住宅主人所从事的专业工作或业余爱好有直接的关系，而且其中大部分的书籍都是阅读的。根据主人职业和爱好的不同，书房及工作室的设置也不尽相同。如一个建筑师工作室，一般由电脑、打印机、传真机、投影仪、绘图桌、书架、工作洽谈区等组成。旧房、工作室一般安排在北面，采光充分而均匀，同时要避免眩光并合理运用侧光。

六、浴室、厕所

浴室、厕所是进行个人和家庭卫生的场所，卫生间的设计不仅要适合沐浴、盥洗、上厕所等基本活动，与此相关的如更衣、刮胡子、化妆、简单的护理等也都常在这里进行，各种卫生用品、毛巾、纸制品等也会被存放在这里，如果不专设家政室，那么还得考虑洗衣机、烘干机等的位置，在很多情况下，浴室还可以成为儿童戏水的地方。

住宅中浴厕的数量和浴厕内部的装修以及设备配置的质量，往往是居住文明水平的一个重要标志。浴厕要保证良好的通风条件，一般应有外窗直接通风采光，窗地比大于1：10，如受条件限制，不能直接对外开窗，则必须设置排风口或排气扇组织排风。浴厕的位置应既考虑卧室家人使用的私密性，又考虑起居室、客厅人员使用的方便，一般宜布置在卧室和客厅附近，同时与同房间亦不宜太远，便于热水供应，楼上卫生间尽量与楼下卫生间对齐，便于管道集中布置。楼上卫生间不应设在楼下主要空间如餐厅、客厅、起居室等的上方。浴厕的最少设置内容为：浴缸、坐便器和洗脸盆，仅有坐便器和脸盆的称为半套浴厕。浴厕的最大设置内容可包括：洗脸盆、梳妆台、更衣室、坐便器、净身盆、淋浴间、旋流浴缸和桑拿浴池。有三间卧室的住宅一般设两套浴厕。如果是双层住宅，卧室全部设在上层、则三间卧室至少要配 2.5 套浴厕。这时楼下设一个洗手间，布置在客厅附近。为了避免使用上的干扰，浴厕可以分开设置，也可以在其中加以隔断。

七、家政室

家政室也称洗衣间，是主妇或工人处理家务的地方。家政室的标准装备是一台洗衣机，一台电动热风烘干机和一个用于整理、熨烫衣服的工作台，有时还放有缝纫机。其面积为 $4\sim6m^2$。在有些住宅中不单独设置，而是将其与杂物间或浴厕、厨房合并设置。

八、过渡领域

住宅通过入口、门厅、走道、楼梯等空间将它与室外空间及室内的各个空间联系起来，成为一个有机的整体，连同储存室、车库等一起构成住宅的过渡空间。

九、走道、楼梯

走道、楼梯不仅满足人们日常的行走、搬运物品等要求，而且要满足救护和紧急疏散等特殊要求。

小住宅楼梯的特点是：服务层数少，且多为独户使用，少数也有两户一梯的情况。楼梯的位置宜靠近主入口，如单独设楼梯间，则使用较便利，对居室干扰少，但所占面积较多，另外是将楼梯设在客厅内作为客厅空间组成的一部分，面积较经济，而且在视觉和空间组织上容易取得较好的效果。缺点是上下楼必须穿越客厅，使用上会有一定干扰，但一个优秀的设计可以避免这些缺点而达到赏心悦目的效果。

楼梯的形式有：单跑、双跑、三跑、曲尺形、弧形等。单跑楼梯使用较方便，结构简单，双跑或三跑楼梯多需设楼梯间，为节约面积起见，常将楼梯平台做成扇形，曲尺形与弧形楼梯可放在起居室内，也可单独设楼梯间，其中弧形楼梯活泼有生气，可以在空间中营造出蜿蜒、秀美的动感氛围，但结构与施工均较复杂。

由于楼梯多为独户使用，服务层数较少，为节约面积和造价，也可将楼梯踏步局部或全部放到室外，或结合地形灵活处理，一般户内楼梯宽不应小于75cm，常见的以90～100cm为宜，踏步面宽则不宜小于24cm，踏步高度不宜大于18cm，楼梯的坡度通常控制在35°～40°，一般不宜大于45°，以免造成使用上的不便。

十、入口门厅

独立式小住宅的入口门厅兼具功能性和美观性双重意义。入口挡住了变化莫测的户外天气，同时又是住宅的前厅，是公共空间到私有空间的过渡。在这一空间中，负责收纳各式鞋具、雨具和大衣等，也要临时放置随身携带的手提包等小件物品，因此需要有充足的储存空间，其形成可以是柜子、壁橱、衣帽架、抽屉小方几等，同时还需要一把椅子供换鞋用，因此这一空间的适宜面积为3～4m²，入口宽度以2.1～2.4m为宜。

作为进门后的第一处宅内空间，门厅可以提供户内居家的层次感和美感。这种小空间的处理手法应该使人感到亲切。有时门厅外的入口处设有门廊，形成室内外的过渡空间，门廊常设灯和花坛、盆栽等，为防止伞上的水乱滴，下方还铺了碎石，显得别具匠心，门厅的门两侧，分别有百叶窗式的换气口，同时可做信箱、工具箱之用。

十一、贮存间

贮存空间可根据住宅平面的不同和不同的贮物要求，利用剩余空间设置在不同的空间位置。一般有贮物间、壁橱、吊柜等形式。

十二、车库

由于用地的限制，独立式小住宅建在城市中心或闹市区的很少，大部分坐落在风景优美、空气新鲜的近郊或者更远的地方，因此汽车对于这样的家庭来说是十分重要的。一个家庭有没有汽车，或有几辆汽车，有什么型号的汽车，往往是这个家庭生活水平和富裕程度的标志，因此，汽车库在独立式小住宅设计中占有更要地位，一座一车位汽车的面积约 $20\sim30m^2$，最小尺寸为 $3m\times6m$、可以停放一辆轿车和放置日常修理的工具，有时也存放一些园艺设备如除草机等。它的位置一般靠近入口，和行人入口平行或垂直设置，同时车库内在门可以直接进入室内。

有一些住宅不设车库，而设置车棚。车棚的前后不封闭，上有屋面覆盖，可以遮风挡雨。也有些简易住宅或度假别墅不设车库或车棚，而要室外设停车位。

十三、阳台和露台

阳台和露台既可以布置在卧室等房间的静区，也可以布置在客厅、起居室和餐厅等房间的动区，在独立式小住宅中，房间面积比较充实，因此阳台和露台一般都不封闭，纯粹是室外或半室外的一个空间部分，在这里可以使人更充分地接近自然、享受自然。

露台一般要高出附近地面，如果高差不大，则可以通过材料，铺砌等方法对其进行空间限定。按功能来分，露台可分为起居平台、用餐平台、休息平台和游艺平台，分别与相应的生活空间进行联系。

第三节　居住空间功能刘分方法

一、居住空间属性

（一）居住空间的特点

1. 使用对象

为家庭服务。

2. 使用功能

包括睡眠、就餐、烹饪、盥洗、家务、会客、学习、工作、家庭娱乐、育儿、储藏等诸多功能。

3. 住宅设计的要点

私密性：应保证睡眠和私生活不受干扰（交通和视线具有安全感）。

卫生性：应考虑合理的日照、通风、采光，保证一定的空间力度。

便利性：空间尺度、功能分区和流线组织应符合居住使用的基本规律。

居住空间（住宅）既包括以上概念，又具有以下特点：

一幢（或一个）建筑独立单元为一户家庭使用。

具有较齐全的居住功能，功能空间包括一个或一个以上卧室、起居室、厨房、卫生间和阳台或室外庭院。

具有一定的规模（面积少则几十平方米，多则上百平方米，甚至数百、千平方米）。

（二）住宅的分类

按所在地分：即城市小住宅、近郊小住宅、乡村小住宅、风景区小住宅。

按归属分：即公有小住宅、私人自用小住宅、长期出租小住宅、假日别墅（短期出租）。

按使用分：即私人小住宅、别墅、专用小住宅。

按设计建设方式分：即单独设计的小住宅、成片开发的小住宅、菜单式选型小住宅、装配式预制小住宅。

按标准高低分：即经济型小住宅、普通型小住宅、豪华型小住宅。

我们可以发现，有关小住宅的绝大多数问题都涉及人的心理需求。在此我们还要着重说明几点。

1. 住宅的安全感和私密性

住宅比多户住宅（如宿舍，筒子楼）户外人流少，安全防范问题更突出，因此需要结合环境更多地考虑安全防范问题。除了在技术功能布置上的防范措施外，还需在心理上给人一种安全感。例如，外门的窗、花园、围墙的设置都需因地制宜地考虑，在不同的环境中需有相应的处理，如在一封闭管理小区中的小住宅可设低栅栏。在偏僻环境中独立设置的小住宅则必须有可靠的围墙、红外线报警等措施。在私密性方面有两个层次的要求：一是避免户外对住宅的窥视，尤其是对卧室、浴厕等房间；二是户内也要考虑私密性，比如卧室避免穿通，卧室要有良好的隔声，避免卧室阳台走通，视线对视；主卧室宜有附属卫生间等。

2. 住宅的家庭气氛的营造

住宅是独立建造的一个单位，它的尺度比例可不拘于一般多户住宅的经济性原则，但它是为一户家庭服务，又应符合家庭气氛营造的目的，其比例、尺度、空间应该是亲切、自然、生动和有趣的，我们可以充分利用住宅内的"公共"部分，如起居室、餐厅、楼梯、门厅、室外平台等，结合朝向、日照、流线的处理，形成"家"的空间感觉。西方许多小住宅名作都把传统的壁炉作为一个元素，充当住宅空间的中心，而中国的传统住宅中的"祖堂"往往是家庭的象征，小住宅还要充分考虑来客的活动环境，既要亲切自然，又要有一定的家庭礼仪氛围。

同时，居住空间的风格与设计定位上，因为除了要考量业主的自我使用喜好外，也要充分考虑当下设计中，功能化的设计要求，因此，个性的创造与所谓的约定俗成应有理性的梳理。

3. 个性的创造与约定俗成

对于住宅设计的心理需求来说，个性创造与约定俗成是两个突出的方面。

第一，住宅往往是一人家庭最重要的投资内容，不仅要满足使用，还是一个家庭自我价值、社会地位、经济实力的体现。因此，往往要求空间和形式的完美、创造力和独立风格的体现，因此，对于单独设计的小住宅来说，必须结合主人的特点，从功能组合到形式处理，都要强调个性的创造。对于成片开发的小住宅，在满足不同使用者的共同要求，尽可能发掘巧妙新颖的空间造型的构思，力求变化。增强个性的同时，还要留有一定的余地，让住户在室内装修、庭院处理上发挥各自的创造性。

第二，住宅又往往是约定俗成，包含趋同心理的产物。许多家庭对于约定俗成的住宅的理想图画的追求，是我们必须加以考虑的问题，它代表了一种家庭气氛，一种成熟而有底蕴的文化，一种被认同的有归属感的东西。

二、居住空间室内的功能划分方法

（一）空间的组织设计

住宅内部空间的组织设计关系到两方面的内容，一是住宅内各功能空间的联系和组合；二是空间本身的形态和形式。

住宅室内空间组织是物质功能的形态表现，同时又具有深刻的精神内涵。室内空间组织就其实质来说是确定一种秩序。住宅内部空间秩序不仅要考虑家庭的生活结构如功能分区、功能重叠层次、生理分室等因素，还要注重满足审美的需求，一个易于识别、易于理解的空间秩序，能给人以清新的空间意象，并获得愉悦的心理感受。

（二）功能分区

无论怎样理解，首先进行合理的功能分区以确保基本功能的实现仍是最主要的，分区中要处理好区域内的关系、区域之间的关系和交通衔接。从功能方面考虑，根据人的生理、心理习惯和生活方式，我们在小住宅设计中一般可以通过内外分区、动静分区、洁污分区来进行室内间的组合。

1. 内外分区

住宅心理学的研究成果显示，私密性是人们在居住行为中极其重要的一个方面，任何人在日常生活中都需要有一些独立的、不被干扰和窥视的活动，提供这种活动的可能性就是居民的私密感受；另一方面，人们又有互相交往交流的需求，住宅的内外分区，就是按照空间使用功能的私密性强度的层次来划分的。

住宅内部的私密性程度一般随着人的活动范围扩大和成员的增加而减弱，相对地，其对外的公共性则逐步增强。私密性不仅要求在视线、声音等方面有所分隔，同时也要求在空间组织上满足居住者的心理要求。因此，住宅内部空间布局一般常采取根据私密性要求进行分层次的空间序列布置，把最私密的空间安排在最深部或最高处，一般外人就不容易接触到这部分空间。法国对住宅功能分区研究后提出了住宅空间私密性序列，卧室和卫生间等为私密区，它们不但对外有私密要求，本身各部分之间也需要有适当的私密性。家庭中的各种家务、儿童教育和家庭娱乐等活动，对家庭成员之间无私密件要求，但对外人却具有私密性要求，因此这是第二层次，也称半私密区。半公共区是由会客、宴请、与客人共同娱乐，但对外人来讲仍带有私密性。入口的门是住户与外界之间的一道关口，门外一般为平台、门廊或绿地，这里完全是开放的外部公共空间，以这一公共到私密的序列布置空间，可以使住宅内各空间的功能得以保证，当独立式小住宅为二层或三层建筑时，根据内外分区的原则，我们一般将车库、客厅、餐厅、厨房、家政室、工人房、客人卧室等设置在底层，而将起居室、卧室、书房、儿童游戏室等设置在上层，以使家人的私密性得到保证。

2. 动静分区

从行为模式上来考虑，住宅内部空间也可以按动、静来进行分区、人们活动比较频繁、行动产生声响和对其他空间影响较大的属于动区范畴。如门厅、客厅、起居室、餐厅、厨房、游戏室等，而卧室、书房、工作室、卫生间等则属于静区。在确定动静划分以后，各个空间的限定和组合也就相应建立起来，特别要注意避免动区对静区所产生的干扰和影响，使静区保持其相对的独立性。

这一分区方法和内外分区具有某些相似的地方，对于住宅中最重要的卧室，在单层住宅中，我们往往把它们布置于平面的一侧，与属于动区的会客、起居等隔开一段距离；为了保持居室的私密性，有时主卧室与其他卧室也分开布立，中间由庭院或家庭室等作为分隔。在双层或三层住宅中，卧室往往被设置在顶层，但工人房和客人房除外，他们一般布置在底层。在规模较大的豪华独立式住宅中，也有主卧室单独占据一层的布局。一般我们将婴儿房或儿童房紧靠主卧室一侧布置，以便于父母照应。主卧室一般有较好的朝向，而且，往往有独用的浴厕、化妆间、更衣室及休息平台或阳台。除非有充足的理由，一般情况下卧室的穿套布置是禁忌的。浴厕的布置则要靠近卧室，方便出入和使用。客厅、起居室、餐厅、厨房是属于公共部分，相对"动"的，因此宜靠近主入口，厨房应该设置一个服务出口直通户外、以减少对其他空间的影响，客厅、餐厅、厨房之间的分隔较灵活，可以根据室内空间形态的要求进行控制，以便灵活使用。

3. 洁污分区

住宅中的洁污分区，实际上体现在用水和非用水活动空间的分区，由于厨房、浴厕、洗衣需要用水，相对比较不易清洁，而且管网较多，厨房又要负责向卫生间供应热水，因此集中处理较为经济合理。如果是二层或三层的建筑，则应尽可能地使上下楼层的卫生间对齐，与其他空间适当分开，而厨房与浴厕之间需再作分隔，楼层的卫生间一般不能布置在餐厅、客厅、起居室等其他更要空间的上力、以免管道布置影响下部空间和引起不好的心理感受。

由于厨房和卫生间的功能差异，有时又必须布置在内外两个不同的区域，这时就需要对其位置进行精心的推敲，以取得最好的使用效果。

（三）空间组织

从另一方面讲，住宅由于本身的功能及使用要求特点，在平面空间布局上又具有相当大的灵活性，住宅内部公共生活的多样性，客厅、起居室的多用途为创造丰富多彩的内部空间提供了极为有利的条件，空间的创造因此获得了极大的自由。所以，在满足基本功能分区的前提下，运用空间组合和形式构成的手法，创造出独特的、激动人心的空间效果也是极其重要的一环。

1. 线型组织

我们前面已经提到、小住宅从功能上有内外分区和动静分区的要求，究其原因是居住者的私密性要求，因此，在小住宅的平面设计中，可以按这一原则进行线型布置，即在入门的第一空间设置门厅作为预备空间，然后是待客、用餐及家居生活的第二层次，给人以一种外向性、开放的气氛，在这一层次中，同时运用隔断、轴线转换等手法来增加空间的层次感和含蓄性，最后安排私密性要求较高的卧室、书房等功能空间。在二层或三层的小住宅中，这一安排则表现为垂直方向的线型，即开放空间被设置在主入口所在的楼层，而将私密空间通过楼梯安排到其余楼层。

2. 中心组合

在独立式小住宅中，有一些空间或构件可以形成一个空间的秩序中心，如客厅、起居室、壁炉、楼梯等，围绕这些中心布置其他功能空间，不但可以缩短交通路线，使平面舒展、自由，而且能产生空间的向心作用，有助于形成家庭的温馨氛围，创造宜人的室内环境。

3. 空间渗透与共享

由于生活方式和质量的差异以及建筑单元规模的不同，独立式小住宅比其他一般集合住宅给了建筑师更多的自由来创造丰富、独特的住宅空间，内外渗透、上下共享成为小住宅设计中的一个重要手段。

第四节 居住空间设计的特殊因素

一、对特殊人群的关注

对于有儿童、老年人、残疾人工作、学习和生活的居住空间设计，应方便他们的日常生活，这也是居住空间设计中的新内容，其重要性已经被越来越多的人所认识并接受。作为一名具有社会责任感的设计师，应当考虑这些特殊人群的需要。

（一）儿童

由于儿童对环境缺乏认知和经验，所以在居住空间设计中，安全对于儿童最为重要，此外还需要通过居住空间环境锻炼儿童对周围事物的认知和判断能力。

1. 安全

为了儿童的安全，设计师应该从居住空间的细节着手，采取各种措施做到防患于未然。高度低或不常用的插座应放置安全罩；尽量减少或不用大面积玻璃做装饰，以防止儿童碰碎玻璃；家具应尽量设计成圆角，以免碰伤儿童；较高的儿童家具必须固定在墙面上，以防止倾倒；在卫浴空间中，最好为儿童洗浴选择有恒温按钮的花洒，避免烫伤孩子；为儿童安装专用的洁具，这样不仅可以提高安全指数，还有助于培养孩子良好的卫生习惯和独立意识。

2. 儿童房

儿童房一般由睡眠区、储藏区和娱乐区组成。对于学龄期儿童，还要设计学习区。床尽量柔软低矮，这样既安全又舒适；可以采用对比强烈、鲜艳的色彩，满足儿童的好奇心与想象力；娱乐区可设置大量的储藏空间，以放置玩具。

对儿童而言，玩耍的地方是生活中不可或缺的部分，孩子总爱在地上玩耍，地面柔软度不够则容易损害身体，儿童房地面一般采用地板、地毯或者具有弹性的橡胶地面。墙面可以设计成软包以免磕碰，还可选用儿童壁纸以体现童趣。

（二）老年人

按照联合国有关人口年龄的标准，我国已经进入了老龄社会。进入暮年以后，人从心理到生理上均会发生许多变化，居住空间设计如何更好地适应老年人已成为我们所面临的、迫切需要考虑的问题。

1. 安静

随着年龄的增长，老年人的体质下降和感官受损，使他们遇到许多困难，有许多老年人选择减少外出，大部分时间留在家里。安静的空间环境对于老年人非常重要，隔声效果好的门窗、墙壁是防止噪声的最基本的要求；排风扇、抽油烟机等电气设备的性能和安装方式也会影响空间环境的噪声。

2. 老人房

从建筑构造的角度出发，应注意玄关、厨房及卫生间的面积，门的宽度要适当增大，以便老年人安全使用。厨房灶台以及卫生间洗面台下面应设计凹进，使老年人可坐下将腿伸入。由于老年人的腿脚不方便，为了避免磕碰，应尽量选择圆角的家具。床铺高低要适当，以方便上下。家具的结构应合理，防止在取物时造成扭伤或摔伤，装饰物品宜少不宜杂。沐浴时，坐姿比站立更安全，带有座椅及扶手的浴室是不错的选择。地面不要有高度差，应尽量平整并注意防滑，避免使用有强烈凹凸花纹的地面材料，以免引起老年人产生视觉错觉，宜采用统一的木质。选择地毯时，应防止局部翘起，以免对老年人行走或使用轮椅产生干扰。

老年人对于照明度的要求比年轻人要高 2～3 倍，因此，室内不仅要设置一般照明，还应注意设置局部照明。室内墙转弯、高差变化、易于滑倒等处应保证一定的光照，尤其是厨房操作台和水池上方、卫生间化妆镜和洗漱池上方等。卧室可设低照度长明灯，以保证老年人起夜时的安全，灯光避免直射老年人躺卧时的眼部。

只有尊重老年人的生活习惯，了解老年人的生理特点，才能设计出符合老年人身心健康，亲切、舒适的空间环境。

（三）残疾人

重视并为残疾人提供良好的无障碍生活环境是文明社会的重要标志。虽然残疾人身体残疾的部位和轻重不尽相同，但许多被普遍接受的、标准化的空间环境都会对残疾人造成障碍，而有的障碍在设计之初是可以避免的。例如，在色彩上，白内障患者往往对黄色和蓝绿色系不敏感，容易把青色与黑色、黄色与白色混淆，因此，在处理室内色彩时应加以注意。

二、室内无障碍设计

（一）无障碍设计的意义

无障碍设计是一个理念，是基于人性化设计主张而提出的，可以提升人们的生活品质，一个具有无障碍化环境的室内设计可以方便所有人的生活，提升整个家居生活的品质。无障碍化环境的建设是残障人士、老人、妇幼、伤病等相对弱势人群充分参与社会生活的前提和基础，是方便他们日常生活的重要条件，也从侧面反映了一个社会的文明进步水平，是物质文明和精神文明的集中体现，对提高人的素质，培养全民公共道德意识，推动和谐社会建设具有重要的意义。

（二）居住空间无障碍设计

1. 卫浴间的无障碍设计

卫浴间是比其他房间更容易发生事故的地方，因此，安全是卫浴间设计中最为重要的。坐轮椅的残疾人使用的卫浴间比一般标准卫浴间大一些，要有轮椅活动的余地。

（1）淋浴间无障碍设计

在淋浴方式上，对高龄和行动不便的老年人采用淋浴比浴盆更为安全。淋浴喷头最好安排在两处：一处方便老年人站立时冲洗，另一处则供老年人坐着冲洗时使用。浴室要考虑配置老年人使用的淋浴坐凳或者淋浴专用座椅，其高度不大于450mm，以便老年人起身站稳。

坐轮椅的残疾人淋浴时，最简单的方法是利用带车轮的淋浴用椅直接进入没有门槛的淋浴间，也可以利用轮椅移坐到淋浴间的座椅上。小空间内设置的淋浴室要充分考虑轮椅的进出，以及移坐到淋浴间的座椅上进行淋浴的尺度，并且要在淋浴间的墙壁上设置扶手。

（2）浴盆无障碍设计

一般情况下，浴室的空间大小要容得下轮椅在其中移动、旋转。残疾人使用的浴盆周围需要设置扶手，以辅助残疾人洗浴。扶手位置和形式应根据残疾人在洗浴时的行动路线和动作方式来选择，一般初入浴盆、冲身和擦身时需要借助扶手。扶手有竖向、水平及斜向三种，竖向扶手应设于浴盆的出入侧，在起身和坐下时使用。水平扶手不宜设置得太高，因为浴盆有一定深度（一般为400～600mm），一般水平扶手的高度距浴盆上沿约100mm即可。

考虑老年人出入浴盆困难，浴盆可设置成半下沉式，但内外高差不能太大，否则不利于出入浴盆时保持身体平衡。一般老年女性使用的浴盆上沿距地面不高于410mm，老年男性使用的不高于440mm。

（3）坐便器

轮椅使用者在使用坐便器时有前方直进、背面直进、斜前方进入等形式，坐便器与轮椅坐面高度一致时，会方便乘坐轮椅的残疾人在轮椅与坐便器之间的转移。

老年人及能够走动的残疾人由于下肢肌肉力量或关节承受的能力欠佳，在站起、坐下时动作困难，坐面较高的坐便器比较适合。如果普通的坐便器的高度不能满足要求，可在上面另加座圈或加设垫层；还可选用带有电动升降的坐便器，根据需要调节使用高度。

供残疾人使用的坐便器高475mm，两侧应设高为700mm的水平抓杆，在墙面一侧应设高为1 400mm的垂直抓杆。

（4）洗脸池

洗脸池是卫生间中主要的功能设施。由于老年人身体萎缩，洗漱用的洗脸池高度要比正常人的低些。洗脸池的下部最好是空的，以便老年人坐着梳洗。洗脸池的旁边设置扶手，以防被洒落在地面上的水滑倒。扶手的高度一般与洗脸池的上沿一致，水龙头最好是自动感应型，操作尽量简单。

（5）地面装饰

首先是地面积水同防滑的关系，地面如有积水容易打滑，因此要增大地面排水能力，保持地面干燥。其次是地面材质的外观与防滑的关系，残疾者往往腿部无力，重心不稳，比正常人容易摔倒，较硬、较明亮的地面容易引起残疾者心理紧张，影响身体协调性，可能导致失去平衡而摔倒。因此在选择地面材料时不仅要考虑摩擦系数，还要综合考虑软硬度、弹性、颜色、光泽等因素，以颜色较深、不反光、质感强、弹性适中为宜。

（6）卫浴间的门

卫浴间的门最好采用轮椅使用者容易操作的形式，如推拉门、折叠门、外向开门等。应采用较轻的材料，同时门上应留观察窗口。卫生间门扇开启净宽度为 800mm，门把手一侧墙面宽度应大于 400mm，以适应轮椅旋转所需的空间尺度。

2. 厨房的无障碍设计

（1）操作台

操作台边缘与对面墙面至少要有 1 500mm 的间距，案台的台面距离地面高度 750～800mm，比较适合轮椅使用者使用，深度宜为 500～550mm，为便于轮椅使用者的下半身伸入操作，洗涤池下方净宽度与高度应大于或等于 600mm，同时深度应大于或等于 250mm。灶台的控制开关最好放在前面，各种控制开关按功能分类配置，调节开关要有刻度，最好能够明确强度。对视觉障碍者来说，最好用温度鸣响来提醒。炉灶应设安全防火，有自动灭火及燃气报警装置。

（2）洗涤池

采用不锈钢洗涤池时要选用底衬有隔层的，以防凝结水并作隔热层用，避免烫伤轮椅使用者，洗涤池的上口与地面距离不应大于 800mm，洗涤池的深度为 100～150mm，为腿部有残疾的人士提供方便。

（3）橱柜

轮椅使用者如果想在主案台的两侧设地柜，最好采用可以拉出的立式抽屉，不要采用外开的柜子，因为许多残疾人难以弯腰使用。抽屉底部建议高出地面 200mm，并悬挑出 150mm，以利于轮椅靠近。案台上的吊柜案台距地面 300mm 对轮椅使用者较为方便。吊柜自身高度可做到 700～800mm，深度可做到 250～300mm，内设 2～3 个可调整的搁物板，在柜门上安装拉手柜门碰珠，使柜门易于启闭，吊柜下层设置隔层板，方便轮椅使用者使用。

3. 家具的无障碍设计

（1）无障碍书桌的设计

对于轮椅使用者，轮椅的高度为 500mm。考虑轮椅扶手的影响，若要使轮椅能深入桌下，则桌面中间净空高度要大于扶手高度，一般为750mm左右，这个距离可以满足大多数轮椅使用者的需求。对于桌面的高度，考虑桌面中间净空高度的影响，一般在800mm为宜。

桌宽的尺寸主要考虑人的双肘展开宽，实际上，人在桌面上双肘不会完全展开，以人伸手能够到周边物品为宜，一般为930～1 240mm。

桌深应介于坐姿伸直手臂可触及范围和立姿弯腰手臂伸直触及范围，一般为607～1 173mm。桌子的净空宽度要保证轮椅能够自由出入。

（2）无障碍衣柜的设计

柜子的搁板高度由人体垂直可及高度确定，手伸入柜子的深度与距离地面的高度有关。上搁板高可从人体立时上臂上举的高度来确定。根据人机工程学的研究表明，由于老年人的人体尺度及活动范围相对减小，上搁板建议的高度为1 760mm；对于乘坐轮椅的残疾人，一般高度在1 640mm，取东西时上臂并非垂直，并且手要深入柜子，因此再减少370mm，即1 270mm。

下搁板高度对一般人来说，可根据立姿、弯姿、蹲姿三种姿态单手取放舒适来确定。考虑到老年人的舒适使用，高度一般在650mm；对于乘轮椅者，高度为340mm，为了便于伸手触及内部空间，高度可增加100mm，即440mm。

（3）无障碍床的设计

对于轮椅使用者，应在床的侧面安装扶手，以便于上下床方便。床面高度应与轮椅高度接近，以便于从轮椅上移到床上。近年流行低床，当人整理床上物品时要把腰弯得很低，这样不利于老年人使用。从便于整理床上物品的角度来说，床高为600～700mm适宜。因为人坐下、躺下的舒适高度为500～600mm，因此，建议采用折中高度500～550mm。

轮椅使用者从轮椅移到床上的方法有前向转移、后向转移、侧向转移等三种，在转移过程中可以从以下三方面减少障碍：

第一，这三种形式必须保证床面与轮椅坐面同高，如果轮椅的坐高是500mm，床面高也应是500mm。这会方便残疾人顺利地从轮椅过渡到床面上。

第二，在保证舒适的同时将床面弹性降到最低，因为下肢残疾者完全依靠上肢将躯干撑起后移动。如果床面弹性太大，支撑点的变形很大，不利于支撑起身体，以及身体在床面上移动。

第三，轮椅侧向转移的情况最好在床侧加扶手，且扶手与轮椅扶手同高。有了床侧扶手，没有了支撑点的高度差，病人在转移过程中双臂用力均衡，自然能够在轮椅与床之间平稳过渡。

残疾人所使用的床，床下不应设抽屉等，最好床下是空的，以防止轮椅脚踏板磕坏东西，并且对使用者自身也会造成伤害；另外，空的床下有利于轮椅尽可能贴近床侧，如果轮椅的两侧或一侧扶手能够卸下，可使残疾人很容易地接近床侧并转移到床上。

（4）扶手的设计

对于偏瘫残疾人、老年人，在床的侧面设置扶手非常必要：

第一，扶手应设置在残疾人习惯下床的一侧，起到护栏的作用。残疾人或老年人按照自己习惯的床头朝向仰面平躺在床上，扶手应安装在残疾人侧面而且靠近床头的一边。

第二，残疾人在起床时可以借助扶手为身体提供拉力，帮助身体向侧面翻转和起床时维持身体平衡。残疾人、老年人在床边站起时支撑扶手可以非常有效地减轻腿的负担，同时也有利于保持身体平衡。

无障碍设计对于残疾人可以助其自立发展，减少对他人的依赖，增强他们的自信心；对于老年人可以提高他们的生活质量，预防意外伤害。同时能扩大此类人群的生活圈，使其能"平等地充分参与社会生活，共享社会物质文化成果"。建设无障碍环境是物质文明和精神文明的体现，是社会进步的重要标志，也是未来设计的方向和趋势。

三、绿色室内设计

随着人们生活水平的逐步提高和人类对地球未来的思考以及生态环境意识的进一步觉醒，绿色设计成为现代室内设计可持续发展的方向。所谓绿色设计，其核心是符合生态环境良性循环的设计体系，室内设计仅作为微观的绿色设计之一，目的是为人们提供一个环保、节能、安全、健康、方便、舒适的室内生活空间。

（一）绿色室内设计实施的原则

绿色设计有别于以往形形色色的各种设计思潮，更不同于以人的需求为目的而凌驾于环境之上的室内设计理念和模式。其设计原则可以遵循以下三点。

1. 提倡适度消费原则

在商品经济中，通过室内装饰创造的人工环境是一种消费，而且是人类居住消费中的重要内容。尽管室内绿色设计把创造舒适优美的人居环境作为目标。但与以往不同的是，室内绿色设计倡导适度的消费思想，倡导节约型的消费方式，不赞成室内装饰中的奢华铺张，这体现出一种新的生态观、文化观和价值观。

2. 注重生态美学原则

生态美是一种和谐有机的美。在室内环境创造中，它强调自然生态美的质朴、简洁，它同时强调人在遵循生态规律和美的法则的前提下，运用科技手段加工改造自然，创造人工生态美，人工创造出的室内绿色景观与自然相融合，带给人的不是一时的视觉震撼而是持久的精神愉悦。因此，生态美更是一种意境层次的美。

3. 提倡节约和循环利用

绿色室内设计强调在室内环境的建造、使用和更新过程中，对常规能源和不可再生资源的节约和回收利用，对可再生资源也要尽量低消耗使用。在室内的生态设计中实行资源的循环利用，这是现代建筑得以持续发展的基本手段，也是绿色室内设计的基本特征。

（二）绿色室内设计的手法

1. 空间功能的分配组合

合理的空间组织安排是设计重要部分。它除了要满足人体工程学以及完善空间组织之外，也要考虑到可发展性。随着时间的推移，人们对空间的要求可能会发生变化，为避免二次改造带来的各种浪费，设计师应对业主的需求进行深入分析，加以判断。例如，新婚夫妇的空间要尽可能地为其日后宝宝的情况进行预知性设计，这样就不会出现从二人空间向三人空间过渡时空间使用上的一些不便。

此外，室内空间以开敞的形式大量出现，也是绿色设计的一种体现。因为开敞空间除了给人以视觉上的流动感之外，空间的贯通也增加了层次感。另外，通透的空间不论对空气流通还是自然采光都起到正面作用，同时还可以营造冬暖夏凉的室内环境，降低了对空调的依赖度，节能环保。

2. 自然质感与陈设品的应用

在室内设计中强调自然肌理质感的应用，让使用者感知自然之感，回归乡土和自然。设计师对表面的选材和处理十分重视，强调素材的肌理，并暗示其功能性。大胆地原封不动地表露水泥表面、木材、金属等材质，如利用棉、麻、藤制品等作为基材，着意显示装饰素材的肌理和本来面目。

在装饰上可以通过绘画、书法等艺术手段在室内创造出山水等自然景观，既有把大自然引入室内的效果，又产生了浓重的诗情画意，增加了室内的艺术氛围。

3. 自然光源的采用

对于一个室内空间，自然采光是固有的，室内的绿色设计也只是在这个基础上尽可能多地利用自然光源。自然光源的充分利用可以避免不必要的资源浪费，减少能源损耗。

要选择高效率的节能型灯具，在节省能源的同时提高光照程度，减少热能的产生。

4. 健康的色彩搭配

健康的色彩搭配对营造舒适的室内空间有很大的帮助，色彩运用得当不仅视觉上舒服，对心理也有潜移默化的影响。根据生理学家的研究，房间的色彩能直接影响人体的正常生理功能。比如在视力上，绿色对眼睛最为有益；浅蓝色对人的睡眠更有帮助，卧室便可以选择搭配浅蓝色进行设计。在居住空间融入正确的色彩搭配，不仅能给人们的健康带来益处，也会使身心得到放松。

（三）室内绿化的作用

室内绿化在室内设计中发挥着重要作用，它既可以从形态、色彩等方面调节室内空间形象，又可以净化室内空气及调节小气候，同时还起到陶冶情趣的作用，使人在精神上得到满足，提高室内的生理和心理环境质量。室内绿化是达到室内设计基本目的的重要手段，其作用可归纳为以下八个方面。

1. 空间的引导

室内绿化由于具有观赏功能，很容易引起人们的注意。正是因为这个特点，用绿化形成通道，组织人流，特别是在空间的转折、过渡之处，更能发挥整体效果。如果有意识地通过绿化吸引视线，就能起到引导与暗示的作用。

2. 空间的过渡

将植物直接引入室内或通过借用手法使室内空间兼有外部空间的因素，达到内外空间交融的效果，以满足人们对大自然的向往和需求，在设计中一般包括以下四种方法。

（1）借景

通过大片玻璃窗的处理，使窗外的绿化渗透到室内，增加室内空间的开阔感、深远感，达到扩大室内空间及丰富室内空间环境的效果。

（2）引入

通过建筑空间的处理，借用室外绿化延伸入室内，内外空间互渗互借，达到内外空间的交融与过渡。

（3）伸出

室内植物局部延伸到室外，与室外景物交织在一起，同样会达到相互渗透、开阔空间的效果。

（4）分隔

根据建筑不同的功能需求，用绿化划分出不同的区域，在空间上既分又合，从而使整体空间既完整又相对有别。这一手法常用于大空间中，将其分隔成彼此独立且有联系的若干小空间。例如，在酒店大厅中，通过绿化区分休息、等候、交谈、观赏等不同功能。

3. 空间的联系

绿化可以分隔空间，但在视觉上又是通透的。两个功能不同且有联系的空间通过绿化处理，可以相互渗透、相互联系，形成空间分隔、视觉不隔的效果。当然也可通过铺地由室外延伸到室内，或利用墙面、天棚或踏步的延伸，起到联系的作用，但相比之下，这些都不如利用绿化来得鲜明、亲切、引人注目。

4. 空间的限定

在比较大的室内空间，假若不加任何装饰，往往会给人空旷的感觉。若用绿化进行装饰，且围合成大小不等的若干空间，则在视觉上就能产生层次感，使空间由大到小或由小到大地发生变化，既丰富了空间层次，又使空间环境的使用功能更加充实。

5. 空间的加强

在视觉上，绿色对人具有强烈的吸引力。利用这一特征，对需要重点处理的空间环境进行适当的绿化，突出该空间的作用，增强吸引力。

6. 空间的柔化

现代建筑多由几何构件组成，而绿色植物具有天然柔美的自然形态。其曲、柔与建筑空间的直、硬产生强烈的对比，从而改变空间形态给人的单一形象，达到自然、生动、活泼的艺术效果。

7. 空间的丰富

室内空间常常会出现因建筑构件形成的既无规律又无功能的小空间。通常用绿植加以点缀处理，使这些小空间更加丰富，并成为室内空间的有机组成部分。

8. 改善空间环境

室内观叶植物的枝叶有滞留尘埃、吸收生活废气、释放对人体有益的氧气、减少噪声等作用。现代建筑装饰多采用各种建筑涂料，室内观叶植物有较强地吸收和吸附各种有害物质的能力，可减轻人为造成的环境污染。

四、居住空间主要区域的绿化设计

一般来说，居住空间的绿化设计除了充分发挥植物的特征外，还要考虑植物的摆放位置和排列方式。由于居住空间各区域的使用功能不同，对绿化的要求也不尽相同。

（一）玄关与走廊

玄关与走廊的面积较小，只宜摆放小型植物，或利用空间悬吊植物进行装饰，并利用照明表现其深度感。通过光影的变化，显现出奇特的构图及剪影效果，颇为有趣。这种利用灯光反射出来的逆光照明，可以使玄关和走廊变得较为宽阔。玄关处的绿化设置改变了玄关单一、呆板的空间结构，起到变化、丰富空间效果的作用。

（二）起居室

摆放在沙发旁时，低矮的沙发和高大茂盛的枝叶形成强烈对比，组成一个富有变化的空间，整个室内呈现出淡雅自然的格调，通过植物自身的疏密、高低、色彩等因素对起居室进行装饰，使整个环境既多姿多彩又不乱、不俗。

窗边可摆设四季花卉或在壁面悬挂小型植物进行装饰，都能产生意想不到的效果。起居室的绿化种类虽然丰富，但切忌布置过多，要有重点，否则会显得杂乱无章，俗不可耐。

（三）卧室

卧室中的绿化应体现出房间的空间感和舒适感。如果把植物按层次集中放置在卧室的角落，就会显得井井有条，并具有深度感。绿化要与空间的整体格调相协调，中等尺度的植物可放在窗、桌、柜等略低于人的视平线的位置，便于人们观赏植物的叶、花、果；小尺度的植物往往以小巧精致取胜，可放置于柜顶、搁板或悬吊于空中，便于全方位观赏。

卧室的插花陈设需视不同的情况而定。书桌、梳妆台和床头柜等处可以选择茉莉、米兰之类的盆花或插花。老人房以白色或淡色插花为主调，使人愉快、安静且赏心悦目。年轻人的卧室适合色彩鲜艳的插花，但最好以一色为主。

（四）书房

书房的绿化注重选择搭配清新淡雅、色彩明亮的花卉，如龟背竹、文竹、水竹、君子兰等。书房陈设花卉，最好集中在角落或视线所及的地方。倘若感到稍微单调时，再考虑分成一两组来装饰，但仍以小巧者为佳。

书房的插花可不拘形式，即便是一束枯枝残花，也可表现出主人的高洁清雅。书房中的插花，可随主人的喜好随意为之，但不可过于热闹，否则会分散注意力，效果适得其反。

（五）餐厅

餐厅的绿化若想搭配几种植物来欣赏，就要从距离排列的位置来考虑。前面的植物宜选择叶细而株小的，以颜色鲜明为宜；而深入角落的植物，则应是大型且颜色深绿的，放置时应有一定的倾斜度，视觉效果才好。盆吊植物的位置和悬挂方向一定要讲究，直接靠墙壁的吊架、盆架放置小型淡雅或浓艳鲜明的植物，效果更佳。

餐厅中的插花，以鲜花为好，使进餐时心情愉快，增加食欲，宜选择黄色、橙色等有助于促进食欲的色彩。小型或微型的花卉盆景可随意陈设。植物与植物之间通过理性地组织形成一种秩序的美感，同时植物本身的自然形态也为就餐区域带来了一定的趣味性，增加了就餐的情趣。

（六）阳台

阳台绿化要因地制宜，选择一些小型的观果或观花植物，会对美化阳台起到重要作用。

五、旧建筑空间的居住再利用

在当今社会，随着人口膨胀和社会生产工业化进程的加快，唯新是好、大拆大建的行为肆无忌惮地向自然展开掠夺式的索取，由此造成的环境污染、资源匮乏和生态失衡让人类处于一个尴尬的境地。钢筋水泥建筑如雨后春笋般出现，使作为"历史信息"载体的旧建筑逐渐从人们的视线中消失。20 世纪 60 年代以来，为了实现人类的可持续发展，众多国家开始重视城市发展中对旧建筑的更新再利用。

当然，并不是所有的旧建筑都有必要进行更新设计和再利用，只有那些具有良好的建筑结构状况、建筑空间特征或历史文化价值的旧建筑空间，才有更新设计和再利用的价值。通过改变和置换旧建筑的实用功能，创造更加适合人类居住的空间环境。

（一）旧建筑空间的改扩建

影响旧建筑空间再利用的因素有很多，就建筑本身而言，最常见的问题是建筑结构承重或有效使用不够，对旧建筑进行改扩建的更新，成为空间再利用的第一步。一些这方面的新技术，如"抗震低层楼房加层结构"就是在原有建筑物继续使用的情况下，将原建筑物加层以扩大建筑使用面积。

（二）新旧协调

尊重旧建筑的历史文化信息，是其更新设计和再利用的前提，保留原有的空间形态及体量，不是为了标榜设计理念，而是人们对历史信息发自内心的喜爱，在审美意识上引起心理共鸣。在卫生、美观的前提下，旧建筑材料的造型和表面肌理可以很好地体现历史文化内涵。

旧建筑的更新设计，从材料、色彩、造型和设备等方面，都可以附和原有的形式，并延伸和突出原有形式的内涵，也可以通过新旧对比的处理方法，达到"旧如旧、新如新"的调和效果。

第五节　居住空间设计的实践研究

一、天棚设计

（一）天棚的作用

天棚在室内设计中又称"天花""顶棚"，是指室内建筑空间的顶部。作为建筑空间顶界面的天棚，可通过各种材料和构造技术组成形式各异的界面造型，从而形成具有一定使用功能和装饰效果的建筑装饰装修构件。

天棚作为空间围合的重要元素之一，在室内装饰中占有重要的地位，它和墙面、地面构成了室内宅间的基本要素，对空间的整体视觉效果产生很大的影响。天棚装修给人最直接的感受就是为了美化、美观。随着现代建筑装修要求越来越高，天棚装饰被赋予了新的特殊的功能：保温、隔热、隔音、吸声等，利用天棚装修来调节和改善室内热环境、光环境、声环境，同时作为安装各类管线设备的隐蔽层。

（二）天棚的设计形式

天棚的形式多种多样，随着新材料、新技术的广泛应用，产生了许多新的吊顶形式。

第一，按不同的功能分有隔声、吸音天棚，保温、隔热天棚，防火天棚，防辐射天棚等。

第二，按不同的形状分有平滑式、井字格式、分层式、浮云式等。

第三，按不同的材料分有胶合板天棚、石膏板天棚、金属板天棚、玻璃天棚、塑料天棚、织物天棚等。

第四，按不同的承受荷载分有上人天棚、不上人天棚。

第五，按不同的施工工艺分有抹灰类天棚、裱糊类天棚、贴面类天棚、装配式天棚。

第六，按构造技术分有直接式天棚和悬吊式天棚。

（三）天棚的材料选择与应用

1. 骨架材料

在室内设计中，骨架材料主要用于天棚、墙体、造型、家具的骨架，起支撑、固定和承重的作用。室内设计常用骨架材料有金属和木质两大类。

（1）金属类骨架材料

室内装修常用金属吊顶，骨架材料有轻钢龙骨和铝合金龙骨两大类。

轻钢龙骨是以镀锌钢板或冷轧钢板经冷弯、滚轧、冲压等工艺制成，根据断面形状分为U形龙骨、C形龙骨、V形龙骨、T形龙骨。U形龙骨、T形龙骨主要用来做室内吊顶，又称吊顶龙骨。U形龙骨有38、50、60三个系列，其中50、60系列为上人龙骨，38系列为不上人龙骨。C形龙骨主要用于室内隔墙，又叫隔墙龙骨，有50和75系列。V形龙骨又叫直卡式V形龙骨，是近年来较流行的一种新型吊顶材料。轻钢龙骨应用范围广，具有自重轻，刚性强度高，防火、防腐性好，安装方便等特点，可装配化施工，适应多种覆面（饰面）材料的安装。

铝合金龙骨是钢通过挤（冲）压技术成型，表面施以烤漆、阳极氧化、喷涂等工艺处理而成，根据其断面形状分为T形龙骨、LT形龙骨。铝合金龙骨质轻，有较强的抗腐蚀、耐酸碱能力，防火性好，加工方便，安装简单。

（2）木质类骨架材料

吊顶木龙骨材料分为内藏式木骨架和外露式木骨架两类。内藏式木骨架隐藏在天棚内部，起支撑、承重的作用，其表面覆盖有基面或饰面材料。一般用针叶木加工成截面为方形或长方形的木条。外露式木骨架直接悬挂在楼板或装饰面层上，骨架上没有任何覆面材料（如外露式格栅、棚架、支架及外露式家具骨架等），此类骨架多用于结构式天棚吊顶，主要起装饰、美化的作用，常用阔叶木加工而成。

2. 覆面材料

覆面材料通常是安装在龙骨材料之上，可以是粉刷或胶粘的基层，也可以使用饰面板作覆面材料。室内设计中用于吊顶的覆面材料很多，常用的有胶合板、石膏板、矿棉装饰吸声板、金属装饰板、埃特装饰板、硅钙板等。

（1）胶合板

胶合板又叫"木夹板"，是将原木蒸煮，用旋切或刨切法切成薄片，经干燥、涂胶，按奇数层纵横交错黏合、压制而成，故称为"三层板""五层板""七层板""九层板"等。胶合板一般作普通基层使用，多用于吊顶、隔墙、造型、家具的结构层。

（2）石膏板

用于顶棚装饰的石膏板，主要有装饰石膏板和纸面石膏板两类。

装饰石膏板采用天然高纯度石膏为主要原料，辅以特殊纤维、胶黏剂、防水剂混合加工而成。表面经过穿孔、压制、贴膜、涂漆等特殊工艺处理。该石膏板强度高且经久耐用，防火、防潮、不变形、抗下陷、吸声、隔音，健康安全。施工安装方便，可锯、可刨、可粘贴。装饰石膏板品种类型较多，有压制浮雕板、穿孔吸声板、涂层装饰板、聚乙烯复合贴膜板等不同系列。可结合铝合金 T 形龙骨广泛用于公共空间的顶棚装饰。

纸面石膏板按性能分有普通纸面石膏板、防火纸面石膏板、防潮纸面石膏板三类。它们是以熟石灰为主要原料，掺入普通纤维或无机耐火纤维与适量的添加剂、耐水剂、发泡剂，经过搅拌、烘干处理，并与重磅纸压合而制成。纸面石膏板具有质轻、强度高、阻燃、防潮、隔声、隔热、抗震、收缩率小、不变形等特点。其加工性能良好，可锯、可刨、可粘贴，施工方便，常作室内装修工程的吊顶、隔墙用材料。

（3）矿棉装饰吸声板

矿棉装饰吸声板以岩棉或矿渣纤维为主要原料，加入适量黏结剂、防潮剂、防腐剂，经成形、加压烘干、表面处理等工艺制成。具有质轻、阻燃、保温、隔热、吸声、表面效果美观等优点。长期使用不变形，施工安装方便。

矿棉装饰吸声板花色品种繁多，可根据不同的结构、形式、功能、适用环境进行分类。根据功能分，有普通型矿棉板、特殊功能型矿棉板；根据矿棉板边角造型结构分，有直角边（平板）、切角边（切角板）、裁口边（跌级板）；根据矿棉板吊顶龙骨分，有明架矿棉板、暗架矿棉板、复合插贴矿棉板、复合平贴矿棉板。其中复合插贴矿棉板和复合平贴矿棉板需和轻钢龙骨纸面石膏板配合使用。

（4）金属装饰板

金属装饰板是以不锈钢板、铝合金板、薄钢板等为基材，经冲压加工而成。表面作静电粉末、烤漆、滚涂、覆膜、拉丝等工艺处理。金属装饰板自重轻、刚性大、阻燃、防潮、色泽鲜艳、气派、线型刚劲明快，是其他材料所无法比拟的。多用于候车室、候机厅、办公室、商场、展览馆、游泳馆、浴室、厨房、地铁等天棚、墙面装饰。

金属装饰板吊顶以铝合金天花板最常见，它们是用高品质铝材经过冲压加工而成。按其形状分为铝合金条形板、铝合金方形板、铝合金格栅天花板、铝合金挂片天花板、铝合金藻井天花板等。

铝合金装饰天花板构造简单，安装方便，更换随意，装饰性强，层次分明，美观大方。

（5）埃特装饰板

埃特装饰板是以优质水泥、高纯石英粉、矿物质、植物纤维及添加剂经高温、高压蒸压处理而制成的一种绿色环保、节能的新型装饰板材。此板具有质轻而强度高，保温隔热性能好，隔音、吸声性能好，使用寿命长、防水、防霉、防蛀、耐老化、阻燃等优点。安装快捷，可锯、可刨、可用螺钉固定。主要适用于室内外各种场所的隔墙、吊顶、家具、地板等。

（6）硅钙板

硅钙板的原料来源广泛，可采用石英砂磨细粉、硅藻土或粉煤灰；钙质原料为生石灰、消石灰、电石泥和水泥，增强材料为石棉、纸浆等。原料经配料、制浆、成形、压蒸养护、烘干、砂光而制成。具有强度高、隔声、隔热、防水等性能。

（四）天棚设计注意要点

天棚设计因功能要求不同，其建筑空间构造设计不尽相同。在满足基本的使用功能和美学法则基础上，还需注意以下三个方面的设计要点。

1. 要有较好的视觉空间感

天棚在人的视觉中，占有很大的视域性，特别是高大的厅堂和开阔的空间，天棚的视域比值就更大。因此，设计时应考虑室内净空高度与所需吊顶的实际高度之间的关系，注重造型、色彩、材料的合理选用；并结合正确的构造型式来营造其舒适的空间氛围，对建筑顶部结构层起到保护、美化的作用，弥补土建施工留下的缺陷。

2. 注意选材的合理性与环保性

天棚材料的使用和构造处理是空间限定量度的关键因素之一，应根据不同的设计要求和建筑功能、内部结构等特点，选用相应的材料。天棚材料选择应坚持无毒、无污染、环保、阻燃、耐久等原则。

由于天棚是吊在室内空间的顶部，天棚表面安装有各种灯具、烟感器、喷淋系统等，并且内部隐藏有各种管线、管道等设备，有时还要满足工人检修的要求，因此装饰材料自身的强度、稳定性和耐用性不仅直接影响天棚装饰效果，还会涉及人身安全。所以天棚的安全、牢固、稳定、防火性能等十分重要。

3. 注重装饰性

天棚设计时要充分把握天棚的整体关系，做到与周围各界面在形式、风格、色彩、灯光、材质等方面协调统一，融为一体，形成特定的风格与效果。

二、地 面 设 计

（一）室内地面的构成

室内地面是人们日常生活、工作、学习中接触最频繁的部位，也是建筑物直接承受荷载，经常受撞击、摩擦、洗刷的部位。其基本结构主要由基层、垫层和面层等组成。同时为满足使用功能的特殊性还可增加相应的构造层，如结合层、找平层、找坡层、防火层、填充层、保温层、防潮层等。

（二）室内地面的分类

在室内设计中，地面材质有软、有硬，有天然的、有人造的，材质品种众多，但不同的空间，材质的选择也要有所不同。按所用材料区分，有木制地面、石材地面、地砖地面、艺术水磨石地面、塑料地面、地毯地面等。

1. 木制地面

木制地面主要有实木地板和复合地板两种。

实木地板是用真实的树木经加工而成，是最为常用的地面材料。其优点是色彩丰富、纹理自然、富有弹性，隔热、隔声、防潮性能好。常用于家居、体育馆、健身房、幼儿园、剧院舞台等和人接触较为密切的室内空间。从效果上看，架空木地板更能完整地体现木地板的特点。但实木地板也有对室内湿度要求高、容易引起地板开裂及起鼓等缺点。

复合地板主要有两种，一种是实木复合地板，另一种是强化复合地板。实木复合地板的直接原料为木材。强化复合地板主要是利用小径材、枝桠材和胶黏剂通过一定的生产工艺加工而成。复合地板的适应范围广泛，家居、小型商场、办公等公共空间皆可采用。

2. 石材地面

石材地面常见的石材有花岗岩、大理石等。

由于花岗岩表面呈结晶性图案，所以也称为"麻石"。花岗岩石材质地坚硬、耐磨，使用长久，石头纹理均匀，色彩较丰富，常用于宾馆、商场等客流密集的大面积地面中。

大理石地面纹理清晰花色丰富，美观耐看，是门厅、大厅等公共空间地面的理想材料。由于大理石表面纹理丰富，图案似云，所以也称为"云石"。大理石的质地较坚硬，但耐磨性较差，纹理清晰，图案美观，色彩丰富。其石材主要做墙面装饰，做地面时常和花岗石配合使用，用作重点地面的图案拼花和套色。

3. 地砖地面

地砖的种类主要是指抛光砖、玻化砖、釉面砖、马赛克等陶瓷类地砖。

抛光砖是用黏土和石材的粉末经压机压制，烧制而成。抛光砖经过抛光处理，表面很光亮。其缺点是不防滑，有颜色的液体容易渗入等。

玻化砖也叫"玻化石""通体砖"。它由石英砂、泥按照一定比例烧制而成，表面如玻璃镜面样光滑透亮。玻化砖属于抛光砖的一种。它与普通抛光砖最大的差别就在于瓷化程度，玻化砖的硬度更高、密度更大、吸水率更小，但也有污渍容易渗入的缺点。

釉面砖是指表面用釉料烧制而成的一种地砖。其优点是表面可以做各种图案和花纹，比抛光砖色彩和图案丰富，但因为表面是釉料，所以耐磨性不如抛光砖。

马赛克又称"陶瓷锦砖"，也是地砖的一种。马赛克按质地分为三种：陶瓷马赛克、大理石马赛克和玻璃马赛克。马赛克是以前流行的饰面材料，但由于色彩单一、材质简单，马赛克的使用日趋减少。但随着马赛克的材质和色彩的不断更新，其特点也逐渐为人们所认识。马赛克可拼成各种花纹图案，质地坚硬，经久耐用，花色繁多，还有耐水、耐磨、耐酸、耐碱、容易清洗、防滑等多种特点。随着设计理念的多元化、设计风格的个性化的出现，马赛克的使用会越来越多。马赛克多用于厨房、化验室、浴室、卫生间以及部分墙面的装饰。在古代，许多公共建筑的壁画均由陶瓷锦砖拼贴而成，艺术效果极佳，保持年代长久，这些也许会对设计者有所启发。

地砖的共同特点是花色品种丰富，便于清洗，价钱适中，色彩多样，在设计中选择的余地较多，可以设计出丰富多彩的地面图案，适合于不同功能的室内设计。地砖另外一个特点是使用范围广，适用于各种空间的地面装饰，如办公、医院、学校、家庭等多种室内空间的地面铺装，尤其适用于餐厅、厨房、卫生间等水洗频繁的地面，是一种用途广泛、价廉物美的饰面材料。

4. 艺术水磨石地面

水磨石地面是用白石子与水泥混合研磨而成。现在水磨石地面经过发展，如加入地面硬化剂等材料使地面质地更加坚硬、耐磨、防油，可适用于多种场所。艺术水磨石地面是在地面上进行套色设计，形成色彩丰富的图案。水磨石地面施工有预制和现浇之分，相比来说现浇的效果更为理想。

但有些地方需要预制，如楼梯踏步、窗台板等。水磨石地面施工不当，也会发生一些诸如空鼓、裂缝等质量问题，设计者选择时应做充分考虑。

水磨石地面的应用范围很广，而且价格较低。它适合一些普通装修的公共建筑室内地面，如学校、教学楼、办公楼、食堂、车站、室内外停车场、超市、仓库等公共空间。

5. 塑料地面

塑料地面以塑料地板最为常见。塑料地板多以有机材料为主要成分的块材或卷材为饰面材料，不仅具有独特的装饰效果，还具有质地轻、表面光洁、有弹性、踩踏舒适、防滑、防潮、耐磨、耐腐蚀、易清洗、阻燃、绝缘性好、噪声小、施工方便等优点。另外，还有用合成橡胶制成的橡胶地板。该种地板也有块材和卷材两种。其特点是吸声、耐磨性较好，但保温性稍差。

塑料地板多用于住宅室内，也有用于工业厂房的。橡胶地板主要用于公共建筑和工业厂房中对保温要求不高的地面、绝缘地面、游泳池边、运动场等防滑地面。

6. 地毯地面

地毯有纯毛、混纺、化纤、塑料、草编之分。地毯通常具有弹性好、抗磨性强、花纹美观、隔热保温等优点，但它相比其他地面材料还有清洗麻烦、易燃等缺点。地毯的使用范围较广泛，在公共建筑中，如宾馆的走廊，客房都可铺设地毯，可减轻走路时发出的噪声，在办公室或家庭也可以使用地毯，不但可以保温，而且可以降低噪声。

（三）室内地面的设计形式

随着我国室内装饰行业的迅速发展，地面装饰一改以前水泥地面的传统装饰方法，各种新型、高档、舒适的地面装饰材料相继出现在各种室内装修中。地面的设计形式也越来越新颖，但从常用的设计形式来看，主要分为平整地面设计和地台地面设计两种形式。

1. 平整地面设计

平整地面主要是指在原土建地面的基础上平整铺设装饰材料的地面，地面保持在一个水平面上，地面没有高低起伏。这种地面铺设形式最为常见，通常设计者会依据使用需求和艺术需要，对材质、图案进行专门设计。常见的地面材质及图案划分有以下三种方式：功能性划分、导向性划分和艺术性划分。

（1）功能性划分

功能性划分主要是根据室内的使用功能特点，对不同空间的地面采用不同质地地面材料进行设计，加以区分，也可称其为"质地划分"。例如，在宾馆大堂中客流较多的地方常采用坚硬耐磨的石材，但在客房里要采用柔软的地毯装饰地面。在家庭装修中，厨房和卫生间常采用地砖装饰地面，防止地面受污水等侵蚀，卧室地面则常选用木地板装饰，不但温馨舒适，而且保温隔热性能良好。

（2）导向性划分

导向性划分是指在室内地面设计中利用不同材质和不同图案等手段来强调不同使用功能的地面设计方式。目的是让使用者在室内能够较快地适应空间的流动，尽快地熟悉室内空间的各个功能。这种划分形式具有以下两个方面的特点：

第一，采用不同材质的地面设计，使人感受到交通空间的存在。这种地面形式比较容易识别，但要注意不同材质地面的艺术搭配。

第二，采用不同图案的地面设计来突出交通通道，也可以对客人起到导向性作用。这种设计往往在大型百货商场、博物馆、火车站等公共空间采用。例如在商场里顾客可以根据通道地面材料的引导，从容进行购物活动。

（3）艺术性划分

设计者对地面进行艺术性划分是室内地面设计重点考虑的问题之一，尤其在较大型的空间，更是常见的设计形式之一，它是通过采用不同的图案，并进行颜色搭配来达到地面装饰艺术效果。通常使用的材料有花岗石、大理石、地砖、水磨石、地板块、地毯等。这种地面划分形式往往是同空间的使用性质密切相关的，但以地面的艺术性划分为主，用以烘托整个空间的艺术氛围。

地面艺术性划分应用很广，如在宾馆的堂吧地面设计中采用自由活泼的装饰图案，以达到休闲、交往、商务的目的。在宾馆的大堂设计中采用石材拼花地面，既能满足功能上需求，还能产生高雅华贵的艺术效果。在一些休闲、娱乐空间的室内地面设计中，有些设计师将鹅卵石与地砖搭配使用布置地面，凹凸起伏的鹅卵石与地砖在照明光线下形成极大的反差，不但取得了较好的艺术效果，而且也通过不同材质的变化实现了不同功能的分区。

2. 地台地面设计

在某些较大的室内空间，平整地面设计难以满足功能设计的要求，因此，设计者在原有地面的基础上采用局部地面升高或降低的方法，所形成的地面形式称为"地台地面"。这种地面形式力求在高度上有所突出，以实现设计的整体效果。修建地台常选用砌筑回填骨料完成，也可以用龙骨地台配以板材饰面，这种做法自重轻，更适宜应用在多楼层建筑中。

地台地面应用的范围不是很广，但在适当的场合采用，可以取得意想不到的艺术效果，如宾馆大堂的咖啡休闲区，常采用地台设计。地台区域材料有别于整体地面，常采用地毯饰面，加以绿化衬托，使地台区域形成小空间，在此休息有一种亲切、高雅、休闲、舒适的感觉。在某餐厅，设计者将就餐区域和交通区域用地台设计的手法加以划分，使就餐环境更感安全、私密。

在家庭装修中也常采用地台设计形式，形成有情趣的休闲空间。地台设计，还常在日式、韩式的房间装修中采用，民族风格特征鲜明。和地台设计相反的还有下沉地面的设计手法，但一般较少采用。

（四）室内地面设计注意要点

室内地面设计首先要满足建筑构造的要求，并充分考虑材料的环保、节能、经济等方面的特点，并且还满足室内地面的物理需要，如防潮、防水、保温、耐磨等要求。其次还要便于施工。最后就是地面装饰设计，要符合大众欣赏口味。

1. 注意材料的选择

地面材料的选择要依据空间的功能来决定。例如，住宅中的卧室会选用地毯或木质地板，这样会增添室内的温馨感。而卫生间和厨房则应选择防水的地砖。另外，对于客流较大的公共空间则应选用耐磨的天然石材。而一些静态空间，如酒店的客房、人员固定的办公空间可选用像地毯或人造的软质材料做地面。另外一些特殊空间，如儿童活动场所，则需要地面弹性较好，以保障儿童的安全。除此之外，体育馆和食堂等场所，则可以采用水磨石做地面铺装。

2. 注意材料的功能设计

在进行室内地面设计时，设计师可以根据地面材料色彩的多样性特点，利用材料的色彩组织划分地面，这样不仅能活跃室内气氛，还会因为材料的色彩区分，引导室内的行走路线。对于同样面积的地面，材料的规格大小还会影响空间的尺度。尺寸越大，空间的尺度会显得越小；相反，尺度越小，空间的尺度则会显得大一些。

此外，地面材料的铺装方向还会引起人们的视觉偏差。例如长而窄的空间作横向划分，可以改善空间的感觉，不会让人感到过于冗长。因此，地面的设计，一定要按室内空间的具体情况，因地制宜地进行设计。

3. 注重整体性和装饰性

地面是室内一切内含物的衬托，因此，一定要与其他界面和谐统一。设计地面时应协调简洁，不要过于烦琐。设计师对地面的设计不仅要充分考虑它的实用功能，还要考虑室内的装饰性。运用点、线、面的构图，形成各种自由、活泼的装饰图案，以更好地烘托室内气氛，给人一种轻松的感觉。在公共空间（宾馆大堂、建筑门厅、商业共享空间）可以利用图案作装饰，但必须与周围环境的风格相协调。

三、玄关设计

（一）玄关的作用

玄关是进入室内的咽喉地带和缓冲区域，会给人以室内装修的第一印象，因此在室内设计中，玄关具有不可忽视的地位。其作用主要表现在以下三个方面：

第一，玄关可以展现设计理念。通过色彩、材料、灯光和造型的综合运用，可以体现装修的整体风格及特征。可以说，玄关设计是整个设计思想的浓缩，它在住宅室内装饰中起到画龙点睛的作用。

第二，玄关是进入客厅的回旋地带，可以有效地分割室外和室内，避免将室内景观完全暴露；能够使视线有所遮掩，更好地保护室内的私密性；还可以避免因室外人的进入而影响室内人的活动，使室外进入者有个缓冲、调整的场所。

第三，具有一定的贮藏功能，可用于放置鞋柜和衣架，便于主人或客人换鞋、挂外套。

（二）玄关设计注意要点

1. 注意选择合适的样式

玄关样式的选择，先应考虑与室内整体风格保持一致，力求简洁、大方。常用的玄关样式有以下四种：自然材料隔断式、玻璃半通透式、列柱隔断式和古典风格式。

（1）自然材料隔断式玄关

这是一种运用竹、石、藤等自然材料来隔断空间的形式，这样可以使玄关空间看上去朴素、自然。

（2）玻璃半通透式玄关

这是一种运用有肌理效果的玻璃来隔断空间的形式，常用的玻璃包括：磨砂玻璃、裂纹玻璃、冰花玻璃、工艺玻璃等。这样可以使玄关空间看上去有一种朦胧而有意境的美感，使玄关和客厅之间隔而不断。

（3）列柱隔断式玄关

这是一种运用几根规则的立柱来隔断空间的形式，这样可以使玄关空间看上去更加通透，使玄关空间和客厅空间很好地结合和呼应。

（4）古典风格式玄关

这是一种运用中式和欧式古典风格装饰元素来设计的玄关空间，如中式的条案、屏风、瓷器、挂画，欧式的柱式、玄关台等。这样可以使玄关空间更加具有文化气息和古典、浪漫的情怀。

2. 注意选择恰当材料

玄关是一个过道，是容易弄脏的地方，其地面宜用耐磨损、易清洁的石材或颜色较深的陶质地砖，这样不仅便于清扫，而且使玄关看上去清爽、华贵且气度不凡。

3. 注意灯光及色彩的设计

作为给人带来室内第一印象的玄关，在装潢设计时应尽量营造出优雅、宁静的空间氛围。灯光的设置不可太暗，以免引起短时失明。玄关的色彩不可太艳，应尽量采用纯度低、彩度低的颜色。

四、墙面设计

（一）墙面的作用

墙面是空间围合的垂直组成部分，也是室内空间内部具体的限定要素，其作用是划分出完全不同的空间领域。内墙设计不仅要兼顾室内空间、保护墙体、维护室内物理环境等因素，还应保证各种不同的使用条件得以满足。更重要的是，墙面把室内建筑空间各界面有机地结合在一起，起到渲染、烘托室内气氛，增添文化、艺术气息的作用，从而产生各种不同的空间视觉感受。

（二）室内墙面的分类

室内墙面是人最容易感觉、触摸到的部位，其材料的使用在视觉及质感上均比外墙有更强的敏感性，对空间的视觉影响颇大，因此，有人把室内墙面装饰材料称为"第二层皮肤"。

室内墙面设计对内墙材料的各项技术标准都有着严格的要求。原则上应坚持绿色环保、安全、牢固、耐用、阻燃、易清洁的原则，同时应有较高的隔音、吸声、防潮、保暖、隔热等特性。不同的材料能构成效果各异的墙面造型，能形成各种各样的细部构造手法。材料选择正确与否，不仅影响室内的装饰效果，还会影响人的心理及精神状态。

室内墙面装饰装修材料种类繁多，规格各异，式样、色彩千变万化。从材料的性质上可分为木质类、石材类、陶瓷类、涂料类、金属类、玻璃类、塑料类、墙纸类等。可以说，绝大多数材料都可用于墙面的装饰装修。从构造技术的角度可归结为五类：抹灰类、贴挂类、胶粘类、裱糊类、喷涂类。这里仅介绍第二种分类方法。

1. 抹灰类墙面

抹灰类墙面的主要材料有水泥砂浆、白灰砂浆、混合砂浆、聚合物水泥砂浆以及特种砂浆等，它们多在土建施工中即可完成，属一般装饰材料及构造。

2. 贴挂类墙面

贴挂类墙面是以人工烧制的陶瓷面砖以及天然石材、人造石材制成的薄板为主材，通过水泥砂浆、胶黏剂或金属连接件经特殊的构造工艺将材料粘、贴、挂于墙体表面的一种装饰方法。其结构牢固、安全稳定、经久耐用。贴挂类墙面装饰因施工环境和构造技术的特殊性，饰面材料尺寸不宜过大、过厚、过重，应在确保安全的前提下进行施工。

3. 胶粘类墙面

胶粘类墙面是将天然木板或各种人造类薄板用胶粘贴在墙面上的一种构造方法。现代室内装修中，饰面板贴墙装饰已不再局限于传统意义上简单的护墙处理，传统材料与技术已不能完整体现现代建筑装饰风格、手法和效果。随着新材料的不断涌现，构造技术的不断创新，其适应面更广、可塑性更强、耐久性更好、装饰性更佳、安装简便，弥补了过去单一的用木板装饰墙面的诸多不足。

4. 裱糊类墙面

裱糊类墙面是指采用粘贴的方法将装饰纤维织物覆盖在室内墙面、柱面、天棚的一种饰面做法，是室内装修工程中常见的装饰手段之一，起着非常重要的装饰作用。此方法改变了过去"一灰、二白、三涂料"单调、死板的传统装饰做法，装饰纤维织物贴面因其图案丰富多样，装饰效果佳而深受人们的喜爱。

5. 喷涂类墙面

喷涂类墙面是采用涂料经喷、涂、抹、刷、刮、滚等施工手段对墙体表面进行装饰装修。涂料饰面是建筑装饰装修中最为简单、最为经济的一种构造方式。它和其他墙面构造技术相比，虽然不及墙砖、饰面板材、金属板经久耐用，但由于涂料饰面施工简便、省工省料、工期短、工效高、作业面积大、便于维护更新，且造价较低，所以在装修施工中，被广泛采用。

（三）室内墙面设计注意要点

室内墙面的设计在满足美化空间环境、提供某些使用条件的同时，还应在墙面的保护上多做文章。它们三者之间的关系相辅相成，密不可分。但根据设计要求和具体情况的不同有所区别。

1. 注重保护性

室内墙面虽不受自然灾害恶劣天气的直接侵袭，但在使用过程中会受到人的摩擦，物体的撞击，空气中水分的浸湿等影响，因而要求通过其他装饰材料对墙体表面加以保护，以延长墙体及整个建筑物的使用寿命。

2. 注重实用性

室内是与人最接近的空间，而内墙又是人们身体接触比较频繁的部位，因此墙面的设计必须满足基本的使用功能，如易清洁、防潮、防水等。同时还应综合考虑建筑的热学性能、声学性能、光学性能等各种物理性能，并通过设计材料来调节和改善室内的热环境、声环境、光环境，从而创造出满足人们生理和心理需要的室内空间环境。

3. 注重装饰性

除了保护性、实用性外，还应从美学角度去审视内墙设计，并且从空间的统一性加以考虑，使天棚、墙面、地面协调一致，建立一种既独立又统一的界面关系，同时创造出各种不同的艺术风格，营造出各种不同的氛围环境。

五、门窗设计

（一）门窗的作用

门窗是联系室外与室内、房间与房间之间的纽带，是供人们相互交流和观赏室外景物的媒介，不仅有限定与延伸空间的性质，而且对空间的形象和风格有着重要的影响。门窗的形式、尺寸、色彩、线型、质地等在室内设计中因功能的变化而变化。尤其是门窗的处理，会对建筑外饰面和内部装饰产生极大的影响，并从中折射出整体空间效果、风格样式和性格特征。

门的主要功能是交通联系，供人流、货流通行以及防火疏散之用，同时兼有通风、采光的作用。窗的主要功能是采光、通风。此外门窗还具有调节控制阳光、气流以及保温、隔热、隔音、防盗等作用。

（二）门窗的分类与尺度

1. 门的分类

门按不同材料、功能、用途等可分为以下三种：

第一，按材料分有木门、钢门、铝合金门、塑料门、玻璃门等。

第二，按用途分有普通门、百叶门、保温门、隔声门、防火门、防盗门、防辐射门等。

第三，按开启方式分有平开门、推拉门、折叠门、弹簧门、转门、卷帘门、无框玻璃门等。

2. 门的尺度

门的尺度通常是指门洞的高宽尺寸，门的尺度取决于其使用功能与行人的通行、设备的搬运、安全、防火以及立面造型等。

普通民用建筑门由于进出人流较小，一般多为单扇门，其高度为 2 000～2 200mm；宽度为 900～1 000mm；居室厨房、卫生间门的宽度可小些，一般为 700～800mm。公共建筑门有单扇门、双扇门以及多扇门之分，单扇门宽度一般为 950～1 100mm，双扇门宽度一般为 1 200～1 800mm，高度为 2 100～2 300mm。多扇门是指由多个单扇门组合成三扇以上的特殊场所专用门（如大型商场、礼堂、影剧院、博物馆等），其宽度可达 2 100～3 600mm，高度为 2 400～3 000mm，门上部可加设亮子，也可不加设亮子，亮子高度一般为 300～600mm。

3. 窗的分类

窗依据其材料、用途、开启方式等可做以下分类：

第一，按材料分有木窗、铝合金窗、钢窗、塑料窗等。

第二，按用途分有天窗、老虎窗、百叶窗等。

第三，按开启方式分有固定窗、平开窗、推拉窗、悬窗、折叠窗、立转窗等。

随着建筑技术的发展和新材料的不断出现，窗的设置、类型已不局限于原有形式与形状，出现了造型别致的外飘窗、落地窗、转角窗等。

4. 窗的尺度

窗的尺度一般由采光、通风、结构形式和建筑立面造型等因素决定，同时应符合建筑要求。

普通民用建筑窗，常以双扇平开或双扇推拉的方式出现。其尺寸一般每扇高度为 800～1 500mm，宽度为 400～600mm，腰头上的气窗及上下悬窗高度为 300～600mm，中悬窗高度不宜大于 1 200mm，宽度不宜大于 1 000mm，推拉窗和折叠窗宽度均不宜大于 1 500mm。公共建筑的窗可以是单个的，也可用多个平开窗、推拉窗或折叠窗组合而成。组合窗必须加中梃，起支撑加固、增强刚性的作用。

（三）门窗的设计与施工

1. 平板门的设计与施工

平板门的设计与施工需要注意以下五个方面。

（1）检查门洞

检查门洞是否符合要求，门洞是否方正、平整，位置是否合理，一般房门尺寸 860mm×2 035mm 为宜，大门及推拉门尺寸根据现场而定。

（2）门扇设计

普通门扇一般采取如下方法：

第一，15＋15＋3＋3＋3＋3＝42（mm）厚。

第二，18＋9＋9＋3＋3＝42（mm）厚。

第三，18＋9＋5＋5＋3＋3＝43（mm）厚。

第四，28＋4＋4＋3＋3＝42（mm）厚。

（3）门扇收边

先将门压实，门扇四周清边，门边线胶水涂刷均匀，选好材，用纹钉打，门边线开槽、以防变形，收边打磨光滑。

（4）门扇饰面

拼板、拼花，金属条要平整光滑；门扇的安装用 3 个合页，凹凸大门用 3 个以上；门扇与门面、门板颜色保持一致。

（5）门套制作

门套制作又可细分为以下几个环节：

第一，做好防潮、验收、通过目测。

第二，用 18mm 大芯板做好防潮打底板，用 9mm 夹板钉内框，留子口，门套要安装防撞条。

第三，门套线要确定宽度及造型，颜色一致，施工时胶水要涂刷严密、均匀。

第四，门套线及门边线严禁打直钉，卫生间、厨房的门套线应吊 1cm 脚，以防发霉。

第五，同一墙面、同一走廊，门高要保持在同一水平线上，门顶要封边严密。

第六，要待门套线干水后再收口，以防门套线缩水。

第七，验收标准框的正侧面垂直度少于 2mm，框的对角线长度差少于 2mm。

第八，用冲击钻在门洞墙内打眼，一般用直径为 10～12mm 钻头，眼洞应呈梅花形。

第九，用合适的木钻打入眼内预留在外部约 10mm 长。

第十，按规定做好墙面防潮层。

2. 推拉门的设计与施工

推拉门的设计与施工需要注意以下六个方面：

第一，推拉门常用于书房、阳台、厨房、卫生间、休闲区等，有平拉推拉门及暗藏推拉门。

第二，推拉门有单轨（宽度 50～60mm）、双轨（100～120mm），槽内深度 55～60mm 为宜，以便安装道轨。

第三，压门用 18mm 大芯板，80～100mm 宽板条打锯路，双层错位用胶压，厚 42mm 为宜（指木框玻璃门）。

第四，推拉门吊轮道轨用面板收口，门套需留子口，推拉门如果是木格玻璃门，面板需整板开挖。

第五，门扇框与框之间需要重叠、对称，吊轮道轨要用面板收口，门套要留子口，推拉门框要用整块面板开孔。

第六，推拉门推拉要顺畅。

六、楼梯设计

（一）楼梯的构成

楼梯一般是由楼梯段、楼梯平台、楼梯栏杆（栏板）、扶手等组成。它们用不同的材料，以不同的造型实现了不同的功能。

1. 楼梯段

楼梯段又称"楼梯跑"，是楼梯的主要使用和承重部分，用于连接上下两个平台之间的垂直构件，由若干个踏步组成。一般情况下楼梯踏步不少于 3 步，不多于 18 步，这是为了行走时保证安全和防止疲劳。

2. 楼梯平台

楼梯平台包括楼层平台和中间平台两部分。中间（转弯）平台是连接楼梯段的平面构件，供人连续上下楼时调节体力、缓解疲劳，起休息和转弯的作用，故又称"休息平台"。楼层平台的标高与相应的楼面一致，除有着与中间平台相同的用途外，还用来分配从楼梯到达各楼层的人流。

3. 楼梯栏杆与扶手

楼梯栏杆是设置在楼梯段和平台边缘的围护构件，也是楼梯结构中必不可少的安全设施，栏杆的材质必须有足够的强度和安全性。扶手附设于栏杆顶部，作行走时依扶之用。而设于墙体上的扶手称为靠墙扶手，当楼梯宽度较大或需引导人流的行走方向时，可在楼梯段中间加设中间扶手。楼梯栏杆与扶手的基本要求是安全、可靠、造型美观和实用。因此栏杆应能承受一定的冲力和拉力。

（二）楼梯设计的形式

楼梯的类型与形式取决于设置的具体部位，楼梯的用途，通过的人流，楼梯间的形状、大小，楼层高低及造型、材料等因素。其分类如下：

第一，按设置的位置分有室外楼梯与室内楼梯，其中室外楼梯又分安全楼梯和消防楼梯，室内楼梯又分主要楼梯和辅助楼梯。

第二，按材料分有钢楼梯、铝楼梯、混凝土楼梯、木楼梯及其他材质的楼梯。

第三，按常见形式分有单梯段直跑楼梯、双梯段直跑楼梯、双跑平行楼梯、三跑楼梯、双分平行楼梯、双合平行楼梯、转角楼梯、交叉楼梯、剪刀楼梯、螺旋楼梯、弧形楼梯等。

（三）楼梯的设计尺度

楼梯在室内装饰装修中占有非常重要的地位，其设计的好坏，将直接影响整体空间效果。所以楼梯的设计除满足基本的使用功能外，应充分考虑艺术形式、装饰手法、空间环境等关系。

楼梯的宽度应满足上下人流和搬运物品及安全疏散的需要，同时还应符合建筑防火规范的要求。楼梯段宽度是由通过该梯段的人流量确定的，公共建筑中主要交通用楼梯的梯段净宽按每股人流 550～750mm 计算，且不少于两股人流；公共建筑中单人通行的楼梯宽度应不小于 900mm，以满足单人携带物品通行时不受影响；楼梯中间平台的净宽不得小于楼梯段的宽度；直跑楼梯平台深度不小于 2 倍踏步宽加一步踏步高。

楼梯坡度是由楼层的高度以及踏步高宽比决定的。踏步的高与宽之比需根据行走的舒适、安全和楼梯间的面积、尺度等因素进行综合考虑。楼梯坡度一般在 23°～45°，坡度越小越平缓，行走也越舒适，但扩大了楼梯间的进深，而增加占地面积；反之缩短进深，节约面积，但行走较费力，因此以 30°左右较为适宜。当坡度小于 23°时，常做成坡道，而坡度大于 45°时，则采用爬梯。

楼梯踏步高度和宽度应根据不同的使用地点、环境、位置、人流而定。学校、办公楼踏步高一般在 140～160mm，宽度为 280～340mm；影剧院、医院、商店等人流量大的场所其踏步高度一般为 120～150mm，宽度为 300～350mm；幼儿园踏步较低，为 120～150mm，宽为 260～300mm。而住宅楼梯的坡度较一般公共楼梯坡度大，踏步的高度一般在 150～180mm，宽度在 250～300mm。

楼梯栏杆（栏板）扶手的高度与楼梯的坡度、使用要求、位置等有关，当楼梯坡度倾斜很大时，扶手的高度可降低，当楼梯坡度平缓时高度可稍大。通常建筑内部楼梯栏杆扶手的高度以踏步表面往上 900mm，幼儿园、小学校等供儿童使用的栏杆可在 600mm 左右高度再增设一道扶手。室外不低于 1 100mm，栏杆之间的净距不大于 110mm。

楼梯的净空高度应满足人流通行和家具搬运的需要，一般楼梯段净高宜大于 2 200mm，平台梁下净高不小于 2 000mm。

（四）楼梯设计注意要点

公共建筑中楼梯分为主楼梯和辅助楼梯两大类。主楼梯应设置在入口较为明显、人流集中的交通枢纽处；具有醒目、美化环境、合理利用空间等特点。辅助楼梯应设置在不明显但宜寻找的位置，主要起疏散人流的作用。

住宅空间中楼梯的位置往往明显但不宜突出，一般设于室内靠墙处，或公共部位与过道的衔接处，使人能一眼就看见，又不过于张扬。但在别墅或高级住宅中，楼梯的设置越来越多样化、个性化，不拘于传统，通常位置显眼以充分展示楼梯的魅力，成为住宅空间中重要的构图因素之一。

第六章　低碳经济理念下的室内设计

第一节　低碳经济理念下室内设计原则与应用分析

一、低碳经济理念下的室内设计原则

(一) 住宅室内设计的低碳理念

随着社会与经济的发展，基于低碳理念的住宅室内设计会越来越受到人们的青睐，将成为未来室内设计的主要发展趋势。基于低碳理念的住宅室内设计将会带给人们一个全新的住宅室内环境，创造出更环保、更节能、更健康、更人性化的居家生活环境，以符合人们日益增长的物质以及精神的发展需求。

1. 住宅低碳化室内设计

在低碳经济已经成为全球的经济态势背景下，低碳理念已成为当今最热门的话题之一。国家对住宅室内设计企业的管理及其环保意识的引导力正在逐步增强，与此同时人们的环保意识也在逐步提高。如何进行设计、材料、技术、施工的低碳化改革创新，来提高住宅室内设计企业的竞争力，品牌战略创新能力，对住宅室内设计行业的发展至关重要。住宅低碳化室内设计是指从住宅室内设计的室内空间设计、物理环境设计、室内陈设设计、室内装修设计四个方面入手，进入低碳化改革创新的设计方式。其比传统设计方式更强调住宅生命周期中的环保低碳性能，即在不会对人体造成伤害的前提下，满足使用者的多种需求。

2. 住宅室内低碳设计思维

所谓的住宅精细化设计，是指在住宅建筑设计过程中以人为本，充分考虑人的活动需求，建筑、结构、给排水、电气、暖通等多专业领域充分配合，以求达到住宅空间布局合理、符合人体工程学、水电管道布线合理、装修与软装配饰集于一体的精装修设计模式。住宅精细化设计是在满足人性化、舒适性的前提下，以环保节能作为参考依据，以长远发

展可持续理念为基准，达到标准化、规范化和整体化的低碳化住宅室内设计模式。住宅精细化设计，不仅避免了因住宅建造及二次改造中的资源浪费和环境污染，同时也给住户提供了舒适的家居生活环境，与低碳设计理念不谋而合。

为了贯彻落实科学发展观，在实施可持续发展战略中以低碳环保为原则，要将低碳设计思维贯穿住宅室内设计的前期方案、材料选用、施工过程以至后期维护。除此之外，低碳设计思维在住宅室内空间设计、室内装修设计、室内陈设设计、室内物理环境设计等方面均有体现。

3. 住宅室内低碳再生能源

可再生能源是指在自然界中可以不断再生、永续利用的能源，具有取之不尽、用之不竭的特点，主要包括太阳能、风能、水能、生物能、地热能和海洋能等。在住宅室内设计中，应该优先考虑使用太阳能、风能、水能等可再生资源，并采取相应的设计方案以及措施。这类清洁无污染的可再生能源不仅不会对室内环境造成污染，还能够营造室内与室外环境之间的良性互动氛围，而且节能环保。

4. 住宅室内低碳高效节能的施工

据相关统计，建筑业的环境污染占整体比例的34%，并且其中有很大一部分来自室内装修施工以及改造过程。因此，住宅室内低碳高效节能的施工方式成为低碳设计亟待解决的问题。

首先，技术施工人员的低碳环保意识、管理施工现场能力、专业技术水平对住宅室内施工起着关键的作用。只有低碳、节能、高效、洁净的施工方式和加强环保意识，才能保证低碳室内设计的顺利完成。

其次，在传统施工方式上加以改进、创新。住宅施工工地的碳排放大部分来自各种建材的运输以及施工的各种设备。工厂预制、被动式节能技术有效地保障了住宅施工现场的高效洁净。结构师、建筑师、机电工程师、室内设计师等都集中在车间进行设计，没有了在工地现场施工的污染，建造速度快，大大降低了住宅建造设计业的碳排放。

最后，施工管理制度有待进一步完善。目前，部分有资质的施工单位通过外包形式把施工转包给一些无资质的个体施工队伍，这些施工队伍因贪图经济利益而不顾低碳环保理念，在施工过程中采取高耗能、高排放的施工方法。因此有必要加强施工的规范性，对施工期限进行严格把控，避免造成不必要的资源、能源浪费。

5. 住宅室内低碳节能环保材料

新型低碳节能环保材料的开发与推广，对低碳住宅室内设计起着至关重要的作用。新型低碳环保材料仅自身材料具有环保性，不会对人体造成危害，并且具有可再生性，即其材料能够循环使用。以新型低碳节能环保材料代替高消耗、高污染的传统型材料是符合室内低碳设计发展趋势的。比如稻草砖，其主要成分是稻草，包含纤维素、半纤维素、木质素、粗蛋白质和无机盐等，防火标准完全达到了甲级墙的标准，造价低，具有色彩丰富、还体积小、保温、隔热、隔音等优良性能，不仅在环保上解决了焚烧的问题，可以自然降解，不会给环境带来任何负担，而且在工程造价、运营成本、社会效益等方面均优于普通砖。

（二）室内设计的原则要求

1. 整体性原则

在进行室内设计的过程中，要注意各个界面的整体性要求，使各个界面的设计能够有机联系，完整统一，并直接影响室内整体风格的形成。室内设计的整体原则主要应注意以下两点。

（1）室内界面的整体性设计要从形体设计上开始

各个界面上的形体变化要在尺度、色彩上统一、协调。协调不代表各个界面不需要对比，有时利用对比不但可以使室内各界面总体协调，而且能达到风格上的高度统一。界面上的设计元素及设计主题要互相协调、一致，让界面的细部设计也能为室内整体风格的统一起到应有的作用。

（2）室内界面的整体性还要注意界面上的陈设品设计与选择

选择风格一致的陈设品可以为界面设计的整体性带来一定的影响，陈设品的风格选择应接纳各种风格的陈设品，如不同材质、色彩、尺度的陈设品，通过设计者的艺术选择，都能在整体统一的风格中找到自己的位置，并使室内整体设计风格高度统一，而且使细部的设计风格统一。

2. 功能性原则

人对室内空间的功能要求主要表现在两个方面：使用上的需求和精神上的需求。理想的室内环境应该达到使用功能和精神功能的完美统一。

（1）使用功能的原则

第一，单体空间应满足的使用功能。满足人体尺度和人体活动规律。室内设计应符合人的尺度要求，包括静态的人体尺寸和动态的肢体活动范围等。而人的体态是有差别的，所以具体设计应根据具体的人体尺度确定，如幼儿园室内设计的主要依据就是儿童的尺度。人体活动规律有二，即动态和静态的交替、个人活动与多人活动的交叉。这就要求室内空间形式、尺度和陈设布置符合人体的活动规律，按其需要进行设计。

按人体活动规律划分功能区域。人在室内空间的活动范围可分为三类：静态功能区、动态功能区和动静相兼功能区。在各种功能区内根据行为不同又有详细的划分，如静态功能区内有睡眠、休息、看书、办公等活动，动态功能区有走道空间、大厅空间等，动静相兼功能区有会客区、车站候车室、机场候机厅、生产车间等。因此，一个好的设计必须在功能划分上满足多种要求。

第二，室内空间的物理环境质量要求。室内空间的物理环境质量是评价室内空间的一个重要条件。

室内设计中，首先必须保证空气的洁净度和足够的氧气含量，保证室内空气的换气量。有时室内空间大小的确定也取决于这一因素，如双人卧室的最低面积标准的确定，不仅要根据人体尺度和家具布置所需的最小空间来确定，还需考虑两个人在睡眠 8 小时室内不换气的状态下满足其所需氧气量的空气最小体积值。在具体设计中，应首先考虑与室外直接换气，即自然通风，如果不能满足时，则应加设机械通风系统。另外，空气的湿度、风速也是影响空气舒适度的重要因素。在室内设计中还应避免出现对人体有害的气体与物质，如目前一些装修材料中的苯、甲醛、氨等有害物质。

人的生存需要相对恒定的适宜温度，不同的人和不同的活动方式有不同的温度要求，如，老人住所需要的温度要稍微高一些，年轻人则要低一些；以静态行为为主的卧室需要的温度要稍微高一些，而在体育馆等空间中需要的温度就低一些。这些都需要在设计中加以考虑。

没有光的世界是一片漆黑，但它适于睡眠；在日常生活和工作中则需要一定的光照度。白天可以通过自然采光来满足，夜晚或自然采光达不到要求时则要通过人工光予以解决。

人对一定强度和一定频率范围内的声音有敏感度，并有自己适应和需要的舒适范围，包括声音绝对值和相对值（如主要声音和背景音的对比度）。不同的空间对声响效果的要求不同，空间的大小、形式、界面材质、家具及人群本身都会对声音环境产生影响，所以，在具体设计中应考虑多方面的因素以形成理想的声音环境。

随着科技的发展，电磁污染也越来越严重，所以在电磁场较强的地方，应采取一些屏蔽电磁的措施，以保护人体健康。

第三，室内空间的安全性要求。安全是人类生存的第一需求，安全首先应强调结构设计和构造设计的稳固、耐用，其次应该注意应对各种意外灾害。火灾就是一种常见的意外灾害，在室内设计中应特别注意划分防火防烟分区、注意选择室内耐火材料、设置人员疏散路线和消防设施等。

（2）精神功能

第一，具有美感。各种不同性质和用途的空间可以给人不同的感受，要达到预期的设计目标：①要注意室内空间的特点，即空间的尺度、比例是否恰当，是否符合形式美的要求；②要注意室内色彩关系和光影效果；③在选择、布置室内陈设品时，要做到陈设有序、体量适度、配置得体、色彩协调、品种集中，力求做到有主有次、有聚有分、层次鲜明。

第二，具有性格。根据设计内容和使用功能的需要，每一个具体的空间环境应该能够体现特有的性格特征，即具有一定的个性。如大型宴会厅比较开敞、华丽、典雅，小型餐厅比较小巧、亲切、雅致。

当然空间的性格还与设计师的个性有关，与特定的时代特征、意识形态、文学艺术、民情风俗等因素有关，如北京明清住宅的堂屋布置对称、严整，给人以宗法社会严格约束的感觉。

第三，具有意境。室内意境是室内环境中某种构思、意图和主题的集中表现，它是室内设计精神功能的高度概括。如北京故宫太和殿，房间中间高台上放置金黄色雕龙画凤的宝座，宝座后面竖立着鎏金镶银的大屏风，宝座前陈设不断喷香的铜炉和铜鹤，整个宫殿内部雕梁画栋、金碧辉煌、华贵无比，显示出皇帝的权力和威严。

联想是表达室内设计意境的常用手法，通过这种方法可以影响人的情感思绪，设计者应力求使室内设计有引起人联想的地方，给人以启示、诱导，增强室内环境的艺术感染力。

3. 形式美原则

（1）稳定与均衡

自然界中的一切事物都具有均衡与稳定的条件，受这种实践经验的影响，人们在美学上也追求均衡与稳定的效果。这一原则运用于室内设计，常涉及室内设计中上、下之间轻重关系的处理。在传统的概念中，上轻下重，上小下大的布置形式是达到稳定效果的常见方法。

在室内设计中，还有一种被称为"不对称的动态均衡手法"也较为常见，即通过左右、前后等方面的综合思考以求达到平衡的方法。这种方法往往能取得活泼自由的效果。例如，通过斜面等设计取得了富有灵气的视觉效果，具有少而精的韵味。

（2）韵律与节奏

在室内设计中，韵律的表现形式很多，常见的有以下几种。

连续韵律是指以一种或几种要素连续重复排列，各要素之间保持恒定的关系与距离，可以无休止地连绵延长。例如，希尔顿酒店通过连续韵律的灯具排列和地面纹路，形成一种船与热带海洋的气氛。

渐变韵律是指把连续重复的要素按照一定的秩序或规律逐渐变化。

交错韵律是指把连续重复的要素相互交织、穿插，从而产生一种忽隐忽现的效果。

起伏韵律是指将渐变韵律按一定的规律时而增加，时而减小，有如波浪起伏或者具有不规则的节奏感。这种韵律常常比较活泼而富有运动感。例如，旋转楼梯通过混凝土可塑性而形成的起伏韵律颇有动感。

（3）对比与微差

对比是指要素之间的显著差异，微差则是指要素之间的微小差异。当然，这两者之间的界线也很难确定，不能用简单的公式加以说明。就如数轴上的一列数，当它们从小到大排列时，相邻两者之间由于变化甚微，表现出一种微差的关系，这列数亦具有连续性。

对比与微差在室内设计中的应用十分常见，两者缺一不可。对比可以借彼此之间的烘托来突出各自的特点以求得变化，微差则可以借相互之间的共同性而求得和谐。在室内设计中，还有一种情况也能归于对比与微差的范畴，即利用同一几何母题，虽然它们具有不同的质感、大小，但由于具有相同母题，所以一般情况下仍能达到有机的统一。例如，加拿大多伦多的汤姆逊音乐厅设计就运用了大量的圆形母题，因此虽然在演奏厅上部设置了调节音质的各色吊挂，且它们的大小也不相同，但相同的母题，使整个室内空间保持了统一。

（4）重点与一般

在室内设计中，重点与一般的关系很常见，较多的是运用轴线、体量、对称等手法而达到主次分明的效果。例如，苏州网师园万卷堂内景，大厅采用对称的手法突出了墙面画轴、对联及艺术陈设，使之成为该厅堂的重点装饰。

从心理学角度分析，人会对反复出现的外来刺激停止做出反应，这种现象在日常生活中十分普遍。例如，我们对日常的时钟走动声会置之不理，对家电设备的响声也会置之不顾。人的这些特征有助于人体健康，使我们免得事事操心，但从另一方面看，却加重了设计师的任务。在设计"趣味中心"时，必须强调其新奇性与刺激性。在具体设计中，常采用在形、色、质、尺度等方面与众不同、不落俗套的物体，以创造良好的景观。

此外，有时为了刺激人们的新奇感和猎奇心理，常常故意设置一些反常的或和常规相悖的构件来勾起人们的好奇心。例如，在人们的一般常识中，梁总是搁置在柱上的，而柱子总是垂直竖立在地面上，但如果故意营造梁柱倒置的场景，就会吸引人们的注意力，并给人以深刻的印象。

4. 技术与经济价值

（1）技术经济与功能相结合

室内设计的目的在于为人们的生存和活动寻求一个适宜的场所，这一场所包括一定的空间形式和一定的物理环境，而这几个方面都需要技术手段和经济手段的支撑。

室内空间的大小、形状需要相应的材料和结构技术手段来支持。纵观建筑发展史，新技术、新材料、新结构的出现为空间形式的发展开辟了新的可能性。新技术、新材料、新结构不仅满足了功能发展的新要求，而且使建筑面貌为之一新，同时又促使功能朝着更新、更复杂的程度发展，再对空间形式提出进一步的新要求。所以，空间设计离不开技术、离不开材料、离不开结构，技术、材料和结构的发展是建筑发展的保障和方向。

人们的生存、生活、工作大部分都在室内进行，所以室内空间应该具有比室外更舒适、更健康的物理性能。古代建筑只能满足人对物理环境的最基本的要求；后来的建筑虽然在围护结构和室内空间组织上有所进步，但依然被动地受自然环境和气候条件的影响；当代建筑技术有了突飞猛进的发展，音质设计、噪声控制、采光照明、暖通空调、保温防湿、建筑节能、太阳能利用、防火技术等都有了长足的进步，这些技术和设备使人们的生活环境越来越舒适，受自然条件的限制越来越少，人们终于可以获得理想、舒适的内部物理环境。

　　经济原则要求设计师必须具有经济概念，要根据工程投资进行构思和设计，偏离了业主经济能力的设计往往只能成为一纸空文。同时，还要求设计师必须具有节约概念，坚持节约为本的理念，做到精材少用、中材高用、低材巧用，摒弃奢侈浪费的做法。

　　总之，内部空间环境设计是以技术和经济作为支撑手段的，技术手段的选择会影响这一环境质量的好坏。

　　（2）技术经济与美学相结合

　　技术变革和经济发展造就了不同的艺术表现形式，同时也改变了人们的审美价值观，设计创作的观念也随之发生了变化。

　　早期的技术美学，是一种崇尚技术、欣赏机械美的审美观。采用了当时新材料、新技术的伦敦水晶宫和巴黎埃菲尔铁塔打破了从传统美学角度塑造建筑形象的常规做法，给人们的审美观念带来强烈的冲击，逐渐形成了注重技术表现的审美观。

　　高技派建筑进一步强调发挥材料性能、结构性能和构造技术，暴露机电设备，强调技术对启发设计构思的重要作用，将技术升华为艺术，并使之成为一种富于时代感的造型表现手段。

5. 生态性原则

　　当代社会严峻的生态问题，迫使人们开始重新审视人与自然的关系和自身的生存方式。建筑界开始了生态建筑的理论与实践，希望以"绿色、生态、可持续"为目标，发展生态建筑，减少对自然的破坏，因此"生态与可持续原则"不但成为建筑设计，同时也成为室内设计评价中的一条非常重要的原则。室内设计中的生态与可持续评价原则一般涉及以下内容。

　　（1）自然健康

　　人的健康需要阳光，人的生活、工作也需要适宜的光照度，如果自然光不足则需要补充人工照明，所以室内采光设计是否合理，不但影响使用者的身体健康、生活质量和内部空间的美感，而且涉及节约能源和减少浪费。

　　新鲜的空气是人体健康的必要保证，室内微环境的舒适度在很大程度上依赖于室内温、湿度以及空气的洁净度、空气流动的情况。据统计，50％以上的室内环境质量问题是由于缺少充分的通风引起的。自然通风可以通过非机械的手段来调整空气流速及空气交换量，是净化室内空气、消除室内余湿余热的最经济、最有效的手段。

　　所以自然因素的引入，是实现室内空间生态化的有力手段，同时也是组织现代室内空间的重要元素，有助于提高空间的环境质量，满足人们的生理心理需求。

　　（2）可再生能源的充分利用

　　可再生能源包括太阳能、风能、水能、地热能等，经常涉及的有太阳能和地热能。

　　太阳能是一种取之不尽、用之不竭、没有污染的可再生能源。利用太阳能，首先表现为通过朝阳面的窗户，使内部空间变暖；当然也可以通过集热器以热量的形式收集能量，现在的太阳能热水器就是实例；还有一种就是太阳能光电系统，它是把太阳光经过电池转换贮存能量，再用于室内的能量补给，这种方式在发达国家运用较多，形式也丰富多彩，有太阳能光电玻璃、太阳能瓦、太阳能小品景观等。

利用地热能也是一种比较新的能源利用方式，该技术可以充分发挥浅层地表的储能储热作用，通过利用地层的自身特点实现对建筑物的能量交换，达到环保、节能的双重功效，被誉为"21世纪最有效的空调技术"。

（3）高新技术的适当利用

随着科技的进步，将高、精、尖技术用于建筑和室内设计领域是必然趋势。现代计算机技术、信息技术、生物科学技术、材料合成技术、资源替代技术、建筑构造措施等高技术手段已经运用到各种设计领域，设计师希望以此达到降低建筑能耗、减少建筑对自然环境的破坏，努力维持生态平衡的目标。在具体运用中，应该结合具体的现实条件，充分考虑经济条件和承受能力，综合多方面因素，采用合适的技术，力争取得最佳的整体效益。

以上介绍了在生态和可持续评价原则下，室内设计应该采取的一些原则和措施。至于建筑和内部空间是否达到"生态"的要求，各国都有相应的评价标准，本书难以展开。虽然各国在评价的内容和具体标准上有所不同，但他们都希望为社会提供一套普遍的标准，从而指导生态建筑（包括生态内部空间）的决策和选择；希望通过标准，提高公众的环保意识，提倡和鼓励绿色设计；希望以此提高生态建筑的市场效益，推动生态建筑的实践。

二、低碳经济理念在室内设计中的应用

（一）基于低碳理念的住宅室内设计要素

低碳经济已经成为全球的经济态势，以低碳理念为指导设计思想的住宅室内设计的重要性日益凸显，低碳理念的住宅室内设计内容很丰富。

1. 住宅室内低碳化空间设计

室内空间设计，就是对建筑所提供的内部空间进行处理，对建筑所界定的内部空间进行二次处理，并以现有的空间尺度为基础重新进行划定。在不违反基本原则和人体工学原则之下，重新阐释尺度和比例关系，并更好地对改造后空间的统一对比和面线体的衔接问题予以解决。

2. 空间功能合理分区

空间功能分区的含义是：根据不同的使用对象、使用性质及使用时间，来划分建筑内部空间的组织形式，来达到干扰较少、相对独立空间的效果。其中有一个隐含的条件，即在同一空间里同时存在大量的使用人群，如果不进行功能分区，或者功能分区不合理，将

会造成相互干扰而影响使用效果甚至影响空间正常使用。功能分区的设计理念被广泛地应用到各种建筑类型的设计之中。换言之，功能分区的设计概念，比较适用于具有人群密集性、空间复杂性、使用同时性等的公共性建筑设计。

（二）我国当前住宅室内低碳设计应对策略及发展趋势

随着低碳经济成为我国经济发展的长期趋势，我国低碳住宅的发展过程中还存在不足以及有待改进的部分，与此同时，我国住宅室内低碳设计今后的发展潜力巨大。

1. 我国当前住宅低碳室内设计应对策略

我国当前住宅低碳室内设计应对策略可以从加强低碳理念的推广、建立完善的住宅室内低碳设计评价机制、建立有效的低碳住宅激励制度三方面入手。

（1）加强低碳理念的推广

低碳理念的核心在于加强研发和推广节能技术、环保技术、低碳能源技术。低碳理念的推广需要政府、开发商、设计师、消费者的共同努力才能完成。

第一，政府需完善低碳住宅相关法规。我国需要制定符合我国低碳经济的碳排放约束方案，对超出碳预算的房地产开发商和消费者，实施相应惩处。并且需要用经济措施来遏制浪费行为，征收企业碳排放税，并对建设产生过量碳排放的开发商进行普遍征税。其中税收强制和税收优惠相结合。此方法增加了非低碳住宅的建造成本，让开发商和消费者意识到低碳住宅的重要性。政府相关部门可对采取节能、降低能耗强度和碳排放强度的房地产开发商给予政策补贴或者激励方式；政府还需要完善低碳住宅的相关法律和法规，建立创新性的组织和基金机构来实施和管理低碳住宅建造。

第二，开发商有待建立行业驱动机制。相对于政府而言，行业也需要意识到，建立一个行业带头的驱动机制能带来的机会和利益，而不要被动地等待政府立法。低能耗的建筑是一个很有吸引力的商机，值得关注和开创。从长远看，它在能源安全和应对社会事务方面还会带来很多额外的好处——节能、节水、节地、节材。比如，绿色住宅采用诸多节能措施，将过量能源储存起来，待需要时使用储备能源，同时还减少了空气污染。通过这个转换过程，使居住成本降下来。

第三，设计师的直接引导作用。设计师在宣传和推广低碳理念住宅方面有着不可推卸的责任，而且对消费者有直接引导的作用。设计师在与客户沟通可以从自然采光、通风照明、低碳环保装饰材料、合理收纳储藏空间、空调采暖等方面进行引导。设计师不能一味地迎合客户的需求，增加不必要的消耗。

（2）建立完善的住宅室内低碳设计评价机制

低碳住宅评价机制的标准设定包括室内设计、施工、住宅生命周期的使用、住宅的拆除以及改造等环节是否能始终如一地达到低碳环保节能可持续发展的要求都是需要谨慎考虑的因素。其中家具是否低碳需要从设计、材料、生产、包装、回收处理等多方面完成，以延长家具产品生命周期。低碳住宅室内设计评价机制的制定应该本着辩证的、客观的态度，以科学的、可操作的手法对住宅的环境、能源、资源等指标进行全面评估，除此之外，还需对住宅的健康性、安全性、周期性、舒适度等环境进行评估。

住宅室内低碳化设计是构建资源节约型、环境友好型社会的必然选择，我国住宅室内设计应该遵循环保、低碳和节能的原则，进行设计、建设和使用，并将低碳理念贯穿于每一个环节。同时也是维护我们共同生存的地球的方式，用实际行动来改善我们的生活环境。

（3）建立有效的低碳住宅激励制度

在低碳住宅建筑相关领域，国内外的激励制度研究日趋成熟。建立有效的低碳住宅激励制度可以从物质性奖励和非物质性奖励两方面展开，激励体制、激励程序都需要进一步完善。在经济补助方面，国家出台相关政策对可再生能源、节能技术等方面进行考核。另外，减税免税、低息贷款、优惠和减免等政策都有利于企业以及消费者更好地参与其中。

2. 我国当前住宅室内低碳设计发展趋势

住宅室内设计由传统高消耗型发展模式转向高效生态型发展模式是必经之路，同时也是住宅室内设计可持续发展的必然趋势，住宅室内低碳设计理念是符合资源节约型、环境友好型的"两型社会"发展要求的，值得我们室内设计师进一步深入研究探索。

（1）传统住宅室内设计将向住宅室内低碳设计转型

住宅室内低碳设计顺应时代发展的潮流和社会民生的需求，是低碳节能的进一步拓展和优化。低碳住宅在中国的兴起顺应了世界经济增长方式战略转型形势，前景广阔。

随着中国经济的蓬勃发展，中国的房地产行业面临整合升级，建筑设计及室内设计也越来越呈现专业化、高科技化的趋势。住宅室内低碳设计对各方面的需求也越来越高，对其总运行成本、节能环保、用户体验等都提出了新要求。能源结构调整、技术更新速度都超乎想象，推广住宅室内低碳设计已是大势所趋，也终将取代高消耗型室内设计。

（2）住宅室内低碳设计标准化

住宅室内低碳设计标准化就是在室内设计过程中对施工工艺与方式、用材、低碳排放指标进行规范，甚至在不同的项目中，可以使用统一的部件，形成部件的循环利用。在对室内部件统一化、通用化、系统化、模数化的不断运用下，完善住宅室内低碳设计过程的标准化。

设计部件尺寸标准化。空间尺寸标准化是我们在设计分隔间尺寸时，充分考虑装饰面做法，类似的空间保持尺寸统一，空间尺寸的标准化为部件尺寸标准化做好了充分的准备。部件尺寸标准化将用于各个空间的部件尺寸统一，如厨卫系统、门窗系统、设备系统等实现通用互换，形成系统的组织和管理，实现其在不同空间内的通用化。

施工工艺和方法通用化。在装饰设计过程中，对于不同部件之间涉及类似有共性的施工工艺要进行工艺方法的统一，整理通用节点，实现节点在同一项目不同空间，以及不同项目之间的通用，既能实现施工工艺的完善，也能减少设计人员的劳动量，提高产品的质量，为装饰设计标准化提供有力的保障。

设备安装标准化。设备安装过程中考虑设备尺寸和装饰面之间的关系，统一风口、检修口等尺寸，满足设备的统一购买和安装。

设备安装标准化需要装饰设计与设备设计之间的紧密配合，协调沟通，共同实现室内装饰设计标准化。住宅室内低碳设计不是附加在传统设计形式上的措施，而是全新的规划以及设计理念的有机组合，身为室内设计师应该首先接受这一思维方式的转变。住宅室内低碳设计意味着整个设计、选材、施工、用能、住宅生命周期中的使用过程都要充分考虑低能耗、低污染、低排放。尽管我国的住宅室内低碳设计还存在有待改进的地方，但是其发展前景广阔。

（三）住宅室内设计实践

1. 室内空间组织的原则

空间的组织是室内空间设计方案阶段中十分重要的一项工作。可以说方案的好坏关键在此。空间组织的手法有多种多样，但归纳其要点只有两点：一是每个单体空间的形式的选取（即"空间构成"法），二是这些空间怎样组织。组合空间不仅仅是"功能"的组合，同时也是造型的组合，如果有好看的单体空间形象而无良好的组合也不可能有好的整体空间。室内空间组织的原则有以下三个方面。

（1）简洁性

这是设计的一条基本原则，即在满足基本功能和基本要求前提下应力求简洁防止繁复。简洁具有较高的清晰度脉络明确，可识别性强，路径通畅。

（2）秩序性

室内空间的结构应符合人的行为规律。从一个空间到另一个空间应能顺利过渡，有良好的导向性和指向性，主次分明，没有不必要的迂回，形成空间的条理性、有序性。秩序性与杂乱性相对应，秩序性是表现空间结构布局的章法要达到有条不紊井然有序，因此常依靠一些对秩序性有控制作用的限定要素来组构建筑空间。

（3）有机性

有机性是指各空间之间既有相对的独立性又有相互联系性，存在着相互结合、相互依存的关系。例如功能与形式、路径与场所、中心与外围、主干与支脉、流通与停顿、分区与总体等存在一种有机联系的关系。建筑空间的结构如同有机体的生命一样形成一个有机和谐的整体。

2. 客厅空间设计技巧

客厅是居住空间中一个公共交往的空间，主要功能是接待客人、亲朋聚谈和家庭视听，是家居生活中使用频率最高、活动最频繁的一个区域。客厅按使用功能可划分为聚谈休闲区、视听欣赏区和娱乐区，这些功能可根据不同的家庭情况进行调整，如对内容有联系且使用时间不同的区域可合二为一，白天为聚谈区，晚上可作视听欣赏区。

（1）客厅设计的风格定位

客厅的设计风格应与家居空间的整体设计风格相吻合。高贵华丽的欧式古典风格、稳重儒雅的中式古典风格、现代时尚的简约风格、亲切温馨的乡村风格、清新自然的地中海风格等风格样式的定位因主人的喜好、性格和文化品位而定，客人可以通过客厅的设计风格了解主人的品位及涵养。客厅的风格设计应在把握整体风格统一的前提下融入个人的性格，使个性寓于共性之中。

（2）客厅设计的基本要求

第一，空间尽量宽敞、明亮。客厅空间设计中制造宽敞的感觉是一件非常重要的事，这样可以避免空间的压抑感，给使用者带来轻松的心境和欢愉的心情。客厅要明亮，不论是自然采光还是人工照明，都要营造出光线充足、明亮清晰的视觉效果。

第二，空间尽量做高。客厅是家居空间中主要的公共活动空间，不管是否做人工吊顶都必须确保空间的高度，这个高度是指客厅应是家居中空间净高最大者（楼梯间除外）。这种最高化包括使用各种视错觉处理。

第三，交通最优。客厅的交通流线设计应通达、顺畅。无论是侧边通过式的客厅，还是中间横穿式的客厅，都应确保进入客厅或通过客厅的顺畅。

（3）客厅的设计方法

第一，空间处理和分割。客厅的空间设计可以运用流畅空间和共享空间的设计理念，如将厨房与客厅之间做开放式处理，配上一套品位较高的厨房家具或吧台，与客厅区域空间联体。这样能更好地体现出客厅的共享氛围，使空间更加开阔、流畅，体现出现代人开放自由的审美观。运用组合沙发与茶几构成的虚拟空间作为会客与就餐区域的视觉区分，使空间保持连贯和通透，也是客厅空间处理的常用手法。

在客厅空间的分割设计上，既可以运用高度在 80cm 以内的矮柜结合陈设品和工艺品的摆设来弹性分割空间，也可以运用罗马柱结合券拱的造型或中式冰花格的木罩门来实体分割空间。此外，在空间的分割上还可以通过材料的区别和吊顶的造型变化来分割空间。

第二，墙面装饰。客厅的墙面是装饰的重点，因为它面积较大，位置重要，是视线集中之处，所以其装饰风格、造型样式和色彩效果对整个客厅的装饰起了决定性的作用。首先应从整体出发综合考虑客厅空间门、窗位置以及光线的设计、色彩的搭配等诸多因素，客厅墙面装饰不能过于复杂，应以简洁、大方为准，重点对电视背景墙进行装饰，形成客厅的视觉中心。客厅电视背景墙的设计样式较多。欧式风格的客厅电视背景墙常采用对称的设计手法，将左右对称的欧式经典柱式与中间的斜拼、直拼或错拼的大理石造型结合在一起。为使视觉效果更加丰富，也常结合车边银镜、皮革硬包、装饰墙纸、木饰面等不同装饰材料，形成客厅视觉的焦点。中式风格的客厅电视背景墙常结合中式传统设计元素，如木格栅、木质屏门、刻字文化砖等。现代风格的客厅电视背景墙则采用几何体块的构成感，利用凹凸、倾斜、质感的变化突出造型。

第三，地面装饰。客厅地面材质选择余地较大。可以用地毯、地砖、天然石材、木地板、水磨石等多种材料。地面的颜色和材质应尽量统一，形成视觉的连贯和协调。局部区域可以特殊处理，如想突出会客区的空间领域感，可在原地板上铺设地毯来加以强调。

第四，吊顶装饰。客厅的吊顶应根据空间的高度而定，较高的别墅客厅可以吊二级、三级甚至四级顶，这样可以使吊顶的层次更加丰富。吊顶的造型要配合整体空间的设计风格，如欧式的吊顶可以采用圆形或椭圆形，现代风格的吊顶可以采用直线型等。房屋空间高度为 2.8m 左右的客厅，由于空间高度的限制，可以采用局部吊顶的形式，如将天花板做成四周吊顶的天池形状或在电视背景墙上方局部吊顶。

第五，灯光设计。客厅的灯光设计要兼具实用性和装饰性。实用性是针对照度的要求而定的，客厅的主要灯光组成包括吊灯、筒灯、壁灯和射灯。照度上要求明亮清晰，保证较强的可视度。装饰性灯光主要用来渲染空间气氛让空间更有层次或突出表现局部装饰效果。装饰性灯光不是主角，主要起辅助作用。

第六，色彩设计。客厅的色彩应根据不同的风格而定，同时还要考虑采光以及颜色的反射程度。客厅空间的色彩最好不要超过三个，否则会显得杂乱。通过调节颜色的灰度和饱和度可以增加色彩的多样性。客厅的色彩主要是通过地面、墙面及大件家具来体现。色彩本身并无优劣之分，关键是怎样搭配，不同的颜色会有不一样的视觉效果和心理感受，如蓝色使人感觉宁静、凉爽，绿色使人感觉清新、自然，红色使人感到热情、兴奋，黄色使人感觉温馨、舒适等。此外明亮的色调会使空间显得比较大，常用来装饰较小、较暗的客厅空间。

3. 卧室空间设计技巧

（1）主卧室设计

主卧室是主人的私人生活空间，具有高度的私密性。在功能上主卧室一方面要满足休息和睡眠的要求，另一方面也要具备休闲、工作、梳妆、盥洗、储藏等综合功能。主卧室的设计应注意以下八个方面的问题。

第一，朝向。主卧室床头朝南或朝西南方向有利于睡眠。睡眠中的大脑仍需大量氧气，而床头朝南或西南方向，在东面开窗或设置阳台可以保证室内充足的阳光，空气流通也更加顺畅，同时符合地球的磁场。卧室床头不宜朝西或者朝向卫生间一边。

第二，空间设计。睡眠的空间宜小不宜大。在不影响使用的情况下，睡眠空间面积小一些会使人感到亲切与安全。主卧室空间太大会使人产生孤独、寂寞的心理感受。主卧室的空间应尽量方正，过多的转角或尖角容易产生磕碰。主卧室应通风良好、采光充足，原有建筑通风和采光不好的应适当改进。卧室的空调出风口不宜布置在直对床的地方。

第三，地面设计。主卧室地面首选木地板，木地板触感舒适，生态环保。在大面积铺设木地板的情况下，为增加空间的装饰效果可以局部铺设地毯，这样可以防止地面的单调感。

第四，墙面设计。主卧室墙面设计的重点是床头背景墙，设计上多运用点、线、面等造型要素，按照形式美的基本原则进行组合，使造型和谐统一而又富于变化。床头背景墙常用的材料是布艺软包、皮革软包、画框装饰线、大理石线、灰镜、银镜、墙纸等。色彩以米黄色、米白色、暖灰色等中性色为主，营造出卧室空间宁静、安详、舒适的氛围。此外墙面上的挂饰对主卧室的装饰也起着重要的作用。要想从视觉上扩大卧室空间，在装饰卧室墙面的时候可以选择一些直线条的家具面，这样相对于弯曲的挂饰在视觉上可以给人一种更加宽敞的感觉。

第五，顶面设计。主卧室的顶面装饰常在四周做吊顶，中间空出。吊顶的样式较多以长方形和内凹的梯形居多，吊顶四周常用射灯或筒灯，中间部分则用吸顶灯。也可以将主卧室四周的吊顶做厚，而中间部分做薄，从而形成两个明显的层级。这种做法要特别注重四周吊顶的造型设计。

第六，照明设计。主卧室是主人休息的场所，灯光要柔和，以利于睡眠。主卧室的照明主要有以下几种照明方式。其一，通过天花板反射为卧室空间提供基本照度的吸顶灯。间接照明目的是在保证室内所需基本照度的基础上，使室内的光线变得柔和，营造浪漫、温馨的气氛。其二，天花暗藏灯带与壁灯、落地灯组成的情景。照明的目的是烘托气氛，营造一种宁静、安详的光照环境。其三，以射灯的聚光效果作为重点。照明目的是突出重点装饰效果。

第七，色彩设计。主卧室色彩设计首先应确定一个主色调。主色调的确定与设计风格紧密联系，如欧式古典风格的卧室常用的主色调是黄色、米黄色、金色和褐色，现代风格的卧室常用的主色调则是黑色、银灰色和白色。在确定好主色调后就要将其他的选择色彩与主色调联系起来，尽量选择同类色或同种色。

第八，主卧室家具布置。床位一般安排在室内的中轴线上，与天花板造型上下呼应。床最好侧对门和窗，这样可以防止光线直射对眼睛的影响。睡床高边的床头靠墙，左右两边放置床头柜，两侧留出通道，这样的布局使空间显得更加宽阔。床不应正对着门放置，不然会有房间狭小的感觉，并且开门见床很不方便。现代医学研究表明人睡眠的最佳方位是头朝南脚朝北。这样人体的经络、气血与地球的磁力线平行，有助于人体各器官细胞的新陈代谢，并能产生良好的生物磁疗效果，有催眠效果。反之，如果头东脚西，人体方向与地球磁力线相切割，容易产生较强的生物电流，可能会对某些人的睡眠产生不利的影响。

衣柜主要有拉门和推门两种样式，主要用以储藏衣物和被褥。衣柜一般放置在床的侧面，可根据需要做成连体的嵌入式衣柜。空间较大的主卧室还可以设置衣帽间。

（2）儿童卧室设计

儿童的大部分时间是在家里的小天地中度过的，所以儿童卧室不仅是休息、睡眠的地方，更是学习与娱乐玩耍的场所。儿童卧室一般分睡眠区、娱乐区和储物区，这些区域也可兼而用之。设计儿童卧室应注意以下问题。

第一，尺度设计合理，家具摆设得当。考虑到孩子的年龄和体型特征，设计中要注意多功能性及尺寸的合理性。儿童的成长和发育需要一定的过程，因此儿童家具的尺寸比成人家具要小很多，这样可以节省空间。根据孩子的审美特点，家具颜色要选择明朗艳丽的色调。在房间的整体布局上家具要少而精，要合理利用室内空间，摆放家具尽量靠墙，设法给儿童留出较多的活动空间。学习用具和玩具最好放在开放式的架子上，便于随手拿取。

第二，体现童趣注重安全。儿童卧室设计要体现童趣，满足儿童的个性需求。可以利用特制的儿童墙纸营造空间情趣。儿童卧室要特别注重安全性，家具的转角要设计圆角，防止磕碰时受伤，不要设置大镜子、玻璃柜门之类易碎物品。

（3）老人房设计

老人房的设计应以实用为主，主要满足睡眠和贮物功能。考虑到老年人的心理和生理特点，设计老人房时应注意以下七点。

第一，房间最好有充足的阳光，房屋向南为宜。

第二，考虑到老年人的生活不便，房间最好靠近卫生间。

第三，老人房的灯光设计极为重要，老年人的视力一般不好，起夜较多，因此老人房的灯光设计，特别是夜间照明要考虑周全。

第四，老年人喜欢安静，所以房门及窗户的隔音效果要好。

第五，家具要简洁，注意安全，特别是边角位要钝化或者改为圆角，过高的橱柜、低于膝的大抽屉都不宜用。床两侧尽可能宽敞一些，方便老人活动。

第六，地面以铺设木地板为宜，以满足老人行走安全。

第七，房间色彩应偏重古朴、平和、沉着的色调，避免使人兴奋与激动的色彩，一般以温暖和谐的暖色系为主。

4. 饭厅和书房空间设计技巧

（1）饭厅设计

饭厅是家庭进餐的场所，也是宴请亲朋好友交往聚会的空间。"民以食为天"，进餐的重要性不言而喻，每个居住者都希望创意一个适宜、实用且具有特色的就餐环境。根据不同居住者的要求，还可以考虑兼顾休闲、娱乐、聊天的使用功能。

饭厅设计除了要同居室整体设计风格和样式协调之外，还要特别考虑饭厅的实用功能和美化效果。一般饭厅在陈设和设备上是具有共性的，那就是简单、便捷、卫生、舒适。饭厅的设计应注意以下五点。

第一，如果空间条件允许，单独用一个空间作饭厅是最理想的。独立的空间可以保证就餐时的私密性，避免受到过多的影响。饭厅的位置要紧邻厨房，这样上菜比较方便。对于住房面积不是很大的居室空间，也可以将饭厅与厨房或客厅连为一体，这种开放式空间的设计可以使整个公共空间显得更加宽阔、舒展。

第二，饭厅的顶棚设计讲究上下对称与呼应，其几何中心对应的是餐桌。顶棚的造型以方形和圆形居多，造型内凹的部分可以运用彩绘、贴金箔纸、贴镜面等做法丰富视觉效果。餐灯的选择则应根据餐厅的风格而定，欧式风格的餐厅常用仿烛台形水晶吊灯，中式风格的餐厅常用仿灯笼形布艺吊灯。

第三，饭厅的墙面设计既要美观又要实用。酒柜的样式对于餐厅风格的体现具有重要作用。欧式风格的餐厅酒柜一般采用对称的形式，左右两边的展柜主要用于陈列各种白酒、洋酒，中间的部分可以悬挂和摆设一些艺术品，起到装饰的作用。中式风格的餐厅酒柜则可以采用经典的中国传统造型样式，如博古架。空间较小的饭厅可以在墙面上安装一定面积的镜面形成视错觉，形成增大空间的效果。

第四，饭厅的地面应选用表面光亮、易清洁的材料，如石材、抛光地砖等。饭厅的地面可以略高于其他空间，以 15cm 为宜以形成区域感。

第五，饭厅的色彩宜采用温馨、柔和的暖色调，这样不仅可以增进食欲，而且可以营造出惬意的就餐环境。

（2）书房设计

书房是居室空间中私密性较强的空间，是阅读、学习和家庭办公的场所。书房在功能上要求创意，静态空间以幽雅、宁静为原则。书房一般可划分为工作区和阅读藏书区两个区域，其中工作和阅读区要注意采光和照明设计，光线一定要充足，同时减少眩光刺激。书房要宁静，所以在空间的选择上应尽量选择远离噪声的房间。书房的主要功能是看书、阅读和办公，长时间的工作会使视觉疲劳，因此书房的景观和视野应尽量开阔以缓解视力疲劳。藏书区主要的家具是书柜。书柜的样式应与室内的整体设计风格相吻合，如欧式风格用对称的券拱式书柜、中式风格用博古架、现代风格用方正的几何形等。要有较大展示面以便查阅，还要避免阳光直射。

书房空间中的书桌高度为 750～800mm，桌下净高不小于 580mm。座椅坐高为 380～450mm，书柜厚度为 300～400mm，高度为 2 100～2 300mm，书桌台面的宽度不小于 400mm。

5. 厨房和卫生间空间设计技巧

（1）厨房空间设计

厨房的主要功能是食品加工和烹饪食物，其功能区域主要有存储区、洗涤区和烹饪区。厨房的布局主要有以下几种样式。

第一，单边形，即将存储区、洗涤区和烹饪区设置在靠墙的一边，这种形式适用于厨房较为狭长的空间。

第二，"L"形，即将存储区、洗涤区和烹饪区依次沿两个墙面转角展开，这种布局形式适用于面积不大且较为方正的空间。

第三，"U"形，即沿三个墙面转角布置存储区、洗涤区和烹饪区，形成较为合理的厨房工作区域，这种布置形式适用于相对较大的空间。

第四，岛形，即在厨房内设置一处备餐台或吧台的厨房布置形式。

在厨房设计中洗菜水池、冰箱储存区和烹饪灶台三者相隔不宜超过1m，这样可提高厨房工作效率。橱柜工作台离地高 750～800mm，工作台面与吊柜底的距离为 500～600mm，放炉灶台面高度不超过 600mm。

（2）卫生间设计

卫生间不仅是人们解决生理需求的场所，而且已发展成为人们追求完美生活的享受空间。功能从如厕、盥洗发展到按摩浴、美容、疗养等，帮助人们消除疲劳，使身心得到放松。根据卫生间的平面形式和面积尺度，卫生间的平面布置主要有两种形式。其一是洗浴部分与厕所、盥洗部分合在一个空间，这种形式在设计布置上应考虑将厕所设备与盥洗设备分区，并尽可能设隔屏或隔帘。其二是盥洗部分单独设置的形式。这种形式最大的优点是方便使用，互不干扰，适用于卫生间面积较大的空间。

卫生间的常用尺寸包括：洗手台高为 750～800mm，双人洗手台长宽尺寸为 1 200mm×600mm，坐便器周边预留宽度不小于 800mm。沐浴间的标准尺寸是 900mm×900mm，浴缸常见尺寸为 500mm×700mm。

第二节 低碳经济理念下室内环境设计实践研究

一、室内设计视角的原生态设计

（一）室内设计的原生态设计背景

1. 环境容纳客观背景

人类社会发展到今天，经历了奴隶社会、封建社会和文明社会三个阶段，人类的社会制度和经济发展模式都呈现出了空前的繁荣，尤其现在随着科技的融入所带来人们的生活方式的极大转变，两百年的工业文明给人类带来巨大财富的同时，也带来了巨大的潜在危机，我们的生存环境发生了巨大的改变。人类赖以生存的一切自然资源都在急剧地恶化、减少。如果人们现在仍按过去的工业发展模式一味地发展下去，我们的地球将不再是人类的乐园。现实问题迫使我们必须重新思考今后应采取一种什么样的生活方式和发展模式，是以破坏环境为代价来改善我们的生活空间，还是以注重生态保护、通过转变设计理念来探寻新的发展契机，达到人类生活空间和地球生态环境共赢。作为一个室内设计师，必须树立职业责任感，对我们所从事的工作进行深刻反思，要主动承担起保护生态、保护环境的职责，并且树立改善人类自身生活环境的长远目标。

2. 人为观念主观背景

（1）材料选择问题

我国的室内设计由于起步晚，发展时间短，相应法规比较滞后，尤其是部分不良商家利欲熏心，普遍存在选用不健康材料作为施工材料。例如我们平时所使用的涂料、油漆等都含有污染环境和对人体有害的物质。无公害、健康型和绿色建筑材料的开发是当务之急。现在我们施工中经常看到的是一间小小的家居空间，木工、瓦工、油工、电工等一并涌入，电锯、电锤声齐鸣，烟尘漫天，刺激的气味和微尘弥漫空中，管理秩序非常混乱。据有关资料统计，在环境总体污染中，与建筑业有关的环境污染比例高达34％。而在建筑业对环境造成的污染中，有相当大的比例是室内装修中的材料造成的。

我国室内装修投资在工程总投资中所占的比例越来越高，随着物质生活的丰富，人们也越来越看重室内生活的奢华，盲目攀比。殊不知，这样恰恰为投机取巧者制造了很多机会，另外导向错误的室内设计所带来的资源和能源的高消耗，导致对环境的破坏也越发严重。据调查显示，国内每年室内装修消耗的长期成材木材占我国木材总消耗量的一半左右。此外，在我国住宅装修过程中，豪华装修不仅浪费材料也不利于健康。如果室内过多地使用色彩艳丽的石材作为装饰材料则容易引起放射性超标，对身体健康有害。另外我们也会看到即使使用达标合格的产品装修出来的房子，依然存在污染问题。因为目前的产品达标仅仅只是一个市场准入标准，它是参考了国际标准和国内现状制定的，并不是一个完全理想的确保健康的标准，所有这些都是我们的室内设计行业将要解决的现实问题。我们面临的现实情况异常严峻。

（2）审美观念问题

国内的室内装饰设计普遍缺乏前沿性。目前国内的室内装修行业的更新速度比较快，比如一套家居装修，少则10年、多则20年进行一次装修更替，盲目跟风，大量的材料未得到充分利用就被抛弃，这说明装饰设计缺乏前沿性，设计师在考虑设计的时候目光短浅，只重视近几年的装饰效果，而没从全局观念进行考虑，在设计时盲目跟风，追逐潮流，如此不仅浪费了财力物力，而且对整个生态环境系统的破坏也日益加重。对于被替换掉的材料，由于得不到循环利用，只能被作为废弃物抛弃。而这些往往是难以被分解的，可能在自然环境下几百年也不会分解掉，成为污染的源头，进而破坏了整个自然生态系统，也威胁到人类的传承发展。

室内设计是建筑设计的一部分。建筑设计以非个性化的形式出现，室内设计则充分展示了设计师的个人创造力，所以要求我们在追求审美趋势和时尚潮流的同时，不要忽略了我们生活的环境的整体美。

（3）设计理念问题

在理想状态下我们居住的空间应该是一个活体的形态，居住在其中，我们的空间可以自我修复不完善的地方，调整室内微环境，进而达到一个平衡的健康状态。这就要求材料要采用原生态材料。由于受室内装修风格影响，材料多是成品加工的，这些材料本身与环境不能产生互动交流，只能在视觉上或装饰上达到一个平衡点，而与居室湿度、温度和声光热等方面关联性很小，只有靠人工或器械来达到这种平衡。因而，它所形成的空间在物理功能上是孤立的，材料与环境无法互动和沟通。人们为了营造舒适的内部空间，只有选择额外的器械来达到这种要求，这无疑增加了许多开支。同时，空调和加湿器等家电的使用，也会对环境和资源产生不利影响，从长远来看，也是一种非生态的居住方式。

（二）室内设计的原生态设计目标

原生态设计在文化层面上来说是科学、艺术与生活的综合体，所体现的是功能、形式与技术的全面协调。通过物质条件的塑造与精神品质的追求，创造一个人性化的生活环境成为室内设计的最高理想和目标。同时，在当今的条件下，更要求原生态室内设计具有全方位、绿色可持续性和生态环保性。现如今的室内设计是一个复杂的交叉学科，它的设计过程不是设计师单方面个人学科独立完成的过程，而是综合各行各业专业人士利用不同学科门类来共同协作的一个步骤。在此过程中还要求设计师以大环境为前提，尊重自然、尊重生态，作为自然中的一分子来履行自己应尽的职责。

（三）室内设计的原生态设计原则

1. 居住健康原则

原生态室内设计以人的健康为中心，它包括两方面：一方面是保证人的身体健康，另一方面是保证人的心理健康。因为室内设计的最终目的是建造一个适宜的环境。人是居住者，环境为人服务，人是室内空间的主体，人的健康与否是决定室内设计成败的最根本标准。原生态原则要求在保证材料对人体无害的基础上，还要讲求室内的光照、空气、温度、湿度等符合人体健康标准。此外还要保证人的心灵健康。虽然人的心灵健康并不完全取决于室内环境，但一个良好的室内空间环境对人的内心思想会产生直接影响。良好的室内环境要符合人的审美趋向，一个能给人带来内心愉悦感受的空间是维持心灵健康的基本条件。

2. 环境协调原则

这是从原生态空间本身来说的，任何室内空间的创造必然涉及天然材料或人造材料，对于常规性的材料，选择使用它的原因是材料的使用性能和成本因素，而材料的环境表现没有得到足够的重视和考虑。它们多以消耗自然资源为代价，且使用过程中会产生大量不可转化的废弃物，进而破坏环境和无法被自然消化掉，长久下来将会导致生态失衡，环境破坏，最终威胁到人类自身的利益。而以节约资源、保护环境为目标的原生态材料则从设计之初就避免了资源的过度消耗，使资源的消耗维持在自然可更新的范围内，重视材料的循环再生。可以说，原生态室内设计追求在材料的整个使用周期中达到与生态环境的最佳协调状态。

3. 生态优化效应原则

人们对生态材料的研究，已经不局限于防止污染、减少废弃物、替代有害物质、利用自然能源、资源优化等方面，更上升到主动净化环境、创造新的生态环境的层面上。目前的材料研究，已不仅仅停留在被动的改造环境基础上，而是进一步主动地营造有利于人类居住的环境条件，这要求我们要综合分析自然环境的内在因素，并营造适合人类和自然共生的因素，综合考虑对人类有害的物质，科学地将其限定在某一范围内，或将其转化为有利于人和自然的因素。

（四）原生态材料在现代室内空间运用的优势

1. 适于多种室内空间的塑造

人们审美意识的不断提升，对室内设计也有着更高的需求。传统的空间形式已经无法满足人们的需要，目前人们对室内空间更加侧重空间氛围的营造。原生态材料包括竹木、天然石、藤、草等拥有不同的属性，通过视觉可以让人产生灵巧与稳重、精致与粗犷等心理感受，而且原生态材料的样式充满随机性，为其在不同空间使用提供了可能。

2. 具有艺术化的表现力

原生态材料本身就是大自然的艺术品。在室内空间中艺术化的表现力主要体现在形态与肌理两个方面。由于原生态材料是在天然状态下形成，所以无论是形态还是肌理都带有明显的随机性。将这种随机性材料进行切割重构，会产生一种独特的表现形式。

3. 具有情境的体验性

"情境"指感情与景色，见景生情，原生态材料蕴含生命的特征和自然环境的因素，当人们通过视觉或触觉接触到该材料的时候，会得到材料所传达的内在信息，让人们产生对室内空间的模糊性认知，仿佛回到自然环境，达到对空间情境的塑造，产生深层次的心灵共鸣。

原生态材料是大自然赐予人类的礼物，它来源于原始自然环境，具有自然物的特征，让人感受到生命的延续。由于其独特性和生态性符合可持续生态发展观，设计师对其进行创造性的运用，形成对空间的感知和理解，成为表现情感与精神的媒介。

（五）原生态材料在室内设计中的创新手法

1. 叠合

原生态材料的叠合包括重叠和错叠两种方式。同质材料的重叠能形成平行整齐的排列，产生规律的肌理感受。错叠是同种材料或不同材料不对称的、错位的、不规则的排列，原有规律性组合形式被打破，材料元素间的位置关系与关联方式产生了变化。错叠不是杂乱无序，而是在对立统一的美学基础上，对材料组合方式的一种突破。

2. 曲折

原生态材料的弯曲造型基于材料本身可塑性，材料经过曲折变化后，相对平面的材料变得立体，不同质地与不同曲折程度的原生态材料形成的节奏感、韵律感和疏密感，使材料单一的表达变得丰富。

3. 解构

原生态材料的解构表现为对传统秩序的否定，动摇了传统的构造方式，具有很强的设计感与人为性。通过不同的人工处理手法，使其产生不同的状态。其人工化的手法为撕裂、刻痕、切割、打磨等。使材料在形式表达上更加丰富和完善，同时包含了原始的材料个性，满足细节的要求。

4. 排列

排列是将原生态材料根据不同的比例、尺度等进行排序。材料规律排列可以获得有序规整的视觉效果，非规律排列通过聚散得当、疏密有致的构成，给人自由活泼的感觉。这种表现方式通常为垂直布置、水平布置、倾斜布置等，会使人产生跳跃与平静、刚硬与柔和、聚合与分散等心理感受。

（六）生态理念逐渐融入设计的主要途径

室内设计中生态理念的应用从整体设计、循环制约再到调节平衡的钻研和探究都蕴含着对生态理念的把控。

1. 原生态材料的使用

从建筑装饰材料的选择和使用入手，尤其是原生态材料的使用和开发是当下室内设计体现生态理念的一个重要途径。面对当今生态资源的大幅度消耗，室内设计师在选择材料时，不仅要考虑是否对人体有害，更要考虑是否污染环境、破坏生态等问题。室内材料的选用和设计构造包括不同性质材料的结合、不同结构部分的组合以及各种附件的安装等。在室内设计中，材料质地的选用是十分重要的环节，直接关系到设计的最终效果和经济效益。巧于用材是室内设计师运用生态理念进行设计的必备素质之一。原生态材料来源于自然材料，它是自然的一部分，且具有资源、能源消耗少，环境污染小，再生循环利用率高等良好的环境协调性和使用性能。

2. 室内设计师将生态理念融入设计

室内设计师对室内环境的设计理念开始向着生态环境的构架与保护、生态设计理念靠拢，也是生态理念逐渐融入设计的重要途径。生态理念融入室内设计，不再是使用多少资源进行设计，而是将现有的资源进行整合并做出最合理的利用和最精彩的设计。生态设计也称作绿色设计或生命周期设计，是指将设计对象周围的生态环境融入设计之中，启发设计的同时决定决策方向，将设计对象与其周边的生态环境最大限度地融合并通过设计将整个系统人性化和生态化。生态设计要求在所设计的室内环境的整个生命周期减少对自然环境的影响，在设计的所有阶段均考虑环境因素，并使最终设计具有可持续性和发展性。设计师不仅需要对项目所处地区的自然生态、人文历史进行深入的解析，还需要在现有的条件下进行最合理的生态设计、最大程度节约所消耗的资源、让人们所处的空间充分与自然相结合，降低能耗，低碳环保。在这一方面，国外的设计师已经先于中国开始研究和使用了。

3. 生态理念在室内设计中的要求

以生态理念思维进行室内设计，既要满足人们室内活动的功能性需要又需要节能环保并与环境和谐共生，还要为消费者提供健康的生活空间。并以此来促进环境的可持续发展。由此可见，设计中融入生态环保理念不仅是一种设计理念，也是一种生活态度，它要求人们保护环境，节约资源，尽最大努力改善环境生态失衡的现状，恢复生态系统的稳定，将绿色环保意识融入日常生活，创造可持续发展的生存环境。

二、原生态材料与现代室内设计的结合

历史是一个进化的过程。随着时代的发展，人们对居住空间的要求也逐步提高，我们传统居所在功能上没有考虑到的地方，在现今的室内设计中都得到了充分弥补。现在人们对居住的要求越来越高了。另外，随着中西文化的交流，西方的居室观念也融入我们的文化中来，渐渐形成了现代的室内设计理念。譬如现代室内空间讲究温湿度、光照值、抗菌性、防噪声、静空间、动空间、虚空间，材料的循环性、自洁性、保温、防水、隔热等特

征。现代室内设计是一个综合各方面条件，将各方面指标按照人们居住原则有序归纳的一个空间。处于当今的时代，人们的生活节奏加快，高强度的生活使人们渐渐远离大自然，人们对健康的关注越来越高，所以，以生态理念为基础的原生态室内空间应运而生。它要求以创造生态健康、节约资源、循环利用、人和自然共生为原则的室内空间。原生态室内设计的实现策略主要表现在以下五个方面。

（一）被动式室内空间界面规划

室内被动式空间布局是根据被动式建筑理念而来的。被动式建筑主要是指不依赖于自身耗能的建筑设备，而完全通过建筑自身的空间形式、围护结构、建筑材料与构造的设计来实现建筑节能。而对于室内空间来说，如何组织空间，各功能区如何协调有序运行，这种规划设计不仅要满足人的使用条件，而且还要做到与外界环境功能上有序沟通。秉承着原生态理念，将外界环境引入室内空间，根据建筑结构，把开窗大小、风向位置、温度湿度等有序的联系起来，从基础上将生态理念融入室内空间，这要求设计师从整体观念出发，掌控室内空间与室外环境的共通因素，利用室外环境营造室内小环境。由于影响室内环境的最大因素是室外环境，不同地区的室外环境差别是很大的，而这些室外环境包括气温、风速、风向、气候干湿度、光照值等，它们决定了房屋的建造和功能趋向。所以被动式室内空间的设计需要解决室内通风、散热、采光等综合技术的利用问题。

1. 原生态室内通风设计

室内通风包括主动式通风和被动式通风。主动式通风指利用机械设备作为动力来达到室内通风，但这种通风方式会对人的身体健康产生伤害，因为这种风源及流动性的局限性会引发空调病等相关疾病。被动式通风指的是采用天然或人工的风压、热压作为驱动，并在此基础上充分利用土壤、太阳能等作为冷热源对空间进行降温或升温的通风技术。被动式通风要解决的问题包括如何处理好室内的气流、提高通风效率，保证空气卫生，节约能源。另外室内开窗的方向和大小，以及结合外界环境确定开窗的数量等也会关系到室内通风的状况。被动式通风包括风压通风、热压通风和风压、热压共同作用的通风。

（1）风压通风

风压通风是自然通风的一种，因为迎风面空气压力增高，背风面空气压力降低，从而产生压差，形成从迎风面吹向背风面的空气流动。风压通风的形态一般为水平方向，即空气流水平通过室内空间，这种通风方式可在过渡季节获得最佳的自然通风效果，所以在建筑布局上要最大限度地面向所需要的风向展开，并设计成进深相对较浅的平面，使流动的气流易于穿过室内空间，从而达到室内良好通风的效果。

（2）热压通风

热压通风是由室内外空气温度差形成密度差，从而产生压差形成热气向上冷气向下的空气流动现象。表现形式通常为竖向通风形态。热压通风最常见的形式就是所谓的"烟囱效应"。因为空气密度差，使室内外的空气会在竖直方向形成压力差。如果室内温度高于室外，在建筑物的顶部会有较高的压力，而下部存有较低的压力，当二者互相连通时，空气通过较低的开口进入较高的空间；如果室内温度低于室外温度，气流方向相反。在实际应用上，设计师多采用烟囱、通风塔、天井中庭等形式，为热压通风提供有利条件，使室内空间获得良好的通风。

（3）风压、热压共同作用的通风

上面已经讲述了风压通风和热压通风，实际情况是，建筑中的自然通风一般是风压和热压共同作用的结果，只是受到环境的限制，二者的作用有强有弱。由于风压会受到天气、风向、建筑形状等条件影响，变动系数比较大，风压与热压所呈现的作用并不是简单的线性叠加。因此，设计师要充分考虑各种因素，使风压和热压作用能够密切配合、互为补充，这样才能达到室内空间的良好通风。

自然通风作为新时代生态环保观念的倡导，在实际案例中的应用以上海世博会万科馆为例，万科馆在内部通风处理上采用了风压、热压两套自然通风系统，力求以自然动力为主导，尽可能减少空调等设备的使用时间，在大多数筒状建筑的屋面安装了数量不等的无动力自然通风器。此通风器在温和季节只需要靠自然风力便可运行，不需要人为动力即可抽出室内空气而达到换气的目的。可见，人的智慧是无限的，只要经过精心巧妙的设计，就可以达到甚至超越机械通风的效果，进而减少资源的浪费和环境污染，这对我们未来的设计是一种启示。

2. 生态室内采光设计

当前的室内空间中采光主要包括人工和天然采光。不同的功能空间中自然光和人工光比例是不同的。自从人类发明了电灯之后，人工照明被大大的应用在室内设计中，它可以模拟出自然光的效果而将光线方便地应用于不同居室空间中。同时，通过技术手段制作出某些彩色炫光效果则广泛被应用于 KTV、酒店等空间中，给室内带来独特出众的氛围。但在当今的社会条件和生态压力下，随着绿色生态观念在人们思想中的渗入，人们也慢慢将关注点转移到自然光的利用技术上来。

自然光相比人工光具有更加环保的优势。自然光的节能、生态、对人体无害以及其优良的显色性均远远超出人工光。现在人们已经认识到自然光的重要性，并开始做了许多尝试来扩大自然光的应用范围。居室中自然采光形式目前主要包括侧面采光、顶部采光和两者均有的混合采光。在实际应用中，引入自然光并不是简单地增加几扇窗户或扩大窗户的面积，自然采光要结合建筑功能及空间布局进行设计。影响自然光对室内光环境的因素包括：窗户的朝向、窗户的倾斜度、周围的遮挡情况（植物配置、其他建筑）、周围建筑的光反射、室内进深等。总体来说，在设计自然采光时要注意以下五点。

（1）自然采光的朝向

房间的采光问题在最初设计时就要考虑进去，在设计考察的时候要对周围环境和空间做详细调查，尽量利用外围的自然环境，注意附近建筑物光线遮挡和不同时刻的光影变化，选择最有利的因素加以利用，另外在考虑朝向问题时要注意风向的因素。

（2）侧窗设计要点

侧窗的造型和面积要结合建筑外形、光照值、自然通风和能耗等因素综合考虑，大面积的窗户虽然带来了充足的自然光照，但是也可能散失大量的热量，增加室内热负荷和冷负荷，对居室温湿度会产生不利影响。一般来说，窗户面积是室内面积的20％左右，在普通开窗情况下，日光照射深度为窗户高度的2.5倍。所以设计时通常是根据室内进深确定窗户高度以取得最佳光照效果。

（3）屋顶采光要点

有的建筑在室内顶部采光，这种设计虽然会提供更良好更广泛的自然光照，其照明效果是相同面积的垂直窗户的3倍，但带来的问题是会引起室内过高的温度，在湿热地区尤不合适，所以在应用这种采光方式的时候要统筹考虑室内通风的因素。

（4）避免直射光、炫光

由于太阳光照射角度的变化，通常早晨会出现室内炫光等问题。为了避免直射光，目前我们采取的应对措施是采用遮阳板和遮阳百叶的设计，并根据阳光射入角度的不同而采取相应的调整。炫光的产生一般与窗格反射板的设计和材质有关，可利用窗格反射板将直射阳光改变为漫反射，再进入室内空间，同时，二次折射或漫反射带来的效果可能会使室内整个光环境更加均匀，从而弥补了局部空间过度明亮或昏暗的效果。

（5）开高侧窗、通风天窗

对于进深较大的室内空间，有效地保证室内照明的做法是开高侧窗、通风天窗，并保持顶棚高度和窗户高度的合适比值，这样可以有效提高室内空间的光照均匀度。另外，室内通风效率也会大大提高。

（二）原生态室内空间的防噪声设计

1. 室内噪声的来源、危害

随着时代的发展、生活节奏的加快，导致人们越来越向聚集型模式发展。这就导致了一个不得不面对的现实问题——噪声污染。目前噪声污染已被世人公认为仅次于大气污染和水污染的第三大公害。噪声污染的危害非常严重，控制噪声污染是当务之急。

我们平时生活空间内的噪声主要有三大来源，分别是：生活区间的噪声、生产噪声和交通噪声。生产噪声的来源主要是一些工厂企业和施工工地，交通噪声来源于交通车辆等，住宅内部的噪声主要来自暖气、通风、冲水、浴池等使用过程和居民生活活动。噪声传播途径主要通过空气和建筑物实体进行传播。噪声正日益成为环境污染的一大公害，在生活中，其危害主要表现在：

第一，强的噪声会导致耳部的不适，如耳鸣、耳痛、听力受损。据测定，超过115dB的噪声还会造成耳聋。噪声还会损害心血管。噪声是心血管疾病的一大诱导因素，经常在噪声的辐射下会加速心脏衰老，增加心肌梗死等发病率，其发病率比普通人高出30%左右，尤其是夜间噪声的危害更大，发病率更高。

第二，噪声使工作效率降低，影响睡眠。研究发现，噪声超过85dB，会使人感到心烦意乱，因而无法专心地工作。久而久之，就会诱发神经衰弱症，最直接的表现是失眠、耳鸣、疲劳。

第三，噪声对儿童身心健康危害更大。因为儿童发育尚未成熟，各组织器官十分脆弱，对外界不利环境抵抗力低，噪声刺激可损伤其听觉器官，使听力减退或丧失。据统计，当今世界上有7 000多万耳聋者，其中相当大一部分是由噪声所致。

针对以上诸多情况，许多国家都对噪声问题采取了相应措施，对不同环境、不同功能区间的噪声幅度制定了详细的标准。

2. 控制传播途径降低噪声危害

（1）提高墙体隔音性能

众所周知，墙体除了具有分割空间和室内保暖的作用外，还具有隔音的作用。它是众多预防噪声媒介中最主要的一项，将墙体的隔音措施处理好将大大降低噪声对室内环境的危害。如现代的建筑墙体已经失去了承重的作用，主要起到隔断作用，在做墙体的时候就要考虑选用既保温又隔声的材料。墙体除了其建筑基材要处理好隔音措施外，门窗、阳台等的处理也关系到外界噪声对室内的危害程度。声音往往从墙面的孔洞传入。这些是人们常常忽视的地方，譬如门窗缝隙、空调孔等。所以在设计之初要选择好的隔音门窗，有效控制噪声危害。

（2）解决漏音问题

室内的漏音问题主要在门窗的施工设计方面。要提高门窗的隔声能力，一方面要改善窗扇的轻、薄、单，尽量采用双层结构，降低共振的频率。选择质量较好的门窗可以有效降低噪声的传入。另一方面门窗要做到密封，减少缝隙漏声。可采用隔声门，以及安装消声器等方式减少噪声。众所周知，发电机运作时会产生巨大噪声，不仅会打扰人们工作而且时间久了会导致神经衰弱等疾病。发电机房的消音设计则成为重中之重，要求所用材料质量、房屋设计标准、施工规范等都要严格按照规定执行，才能有效降低噪声。

（3）提高减震措施

声音是通过物体的震动传播的。研究发现，可以通过改变室内物体的振动频率来降低噪声传播。室内空间中，地面传声占很大比重，如在铺装地面时采取地面隔音工艺，可以大大降低楼板传声，在地面或通道部分铺装地毯或采用专业的隔音吊顶，也会降低噪声传播。

3. 通过材料物理性能解决噪声危害

这方面主要是针对产生于室内的噪声寻求解决方法。室内装修中所用的材料多种多样，通过对装修材料物理性能研究，我们可以根据声音的传播特性从而选择隔音和吸音效果好的原生态装饰材料，来装饰室内空间。通过各方面调研分析发现，从材料角度影响吸声性能的因素，主要包括：

（1）材料的表现密度

对同一种多孔材料来说，当其表现密度增大，即孔隙率减少时，对低频音的吸声效果显著，而对高频音的吸声效果则降低。利用这一原理我们可以根据室内空间的不同而有针对性地选择材料，例如电影院、KTV等空间，往往是高频率的声音占多数，所以选用的装饰材料以孔隙率多些效果好。应用到具体设计上，多数是以不同密度的纤维材料作为吸声用材。一般的家庭居室噪声来源主要在下水道和厨房操作间，下水管道可用隔音的纤维材料包裹来消音，或用瓷砖封闭处理。厨房主要靠严密的封闭性来隔绝噪声。

（2）材料的厚度

增加材料的厚度可以提高低频的吸声效果，而对高频吸声没有多大影响。因而，为提高材料的吸声能力，盲目增加材料的厚度是不可取的。

（3）材料的孔隙特征

孔隙越多、越细小，吸声效果越好；孔隙太大，则吸声效果差。互相连通的开放的孔隙越多，材料的吸声效果越好。最常见是KTV里面的隔音设计。

（4）温度和湿度的影响

温度对材料的吸声性能影响并不十分显著。温度的影响主要改变入射波的波长，使材料的吸声系数产生相应的改变。湿度对多孔材料的影响主要表现在多孔材料由于其自身结构特征容易被空气中的微尘或水分子填塞变形或滋生微生物，从而使吸声性能降低。所以，隔音效果良好的材质在使用了一段时间后，出现隔音效果差的现象，往往是这方面的原因。

（三）原生态室内空间的保温隔热设计

1. 室内空间温热影响因素

室内的保温设计是室内设计中的一项重要环节，尤其对于我国北方地区的用户来说，室内的保温设计是重中之重。影响室内保温隔热的因素主要包括外环境因素和建筑自身因素。

（1）外环境因素

环境是时刻变化的，不同的外界环境往往对室内空间的微环境产生不同影响。同时，建筑处于外界环境中，它不可能完全阻断与外界的联系。建筑设计则要趋利避害，在气候宜人的地区，要尽可能多地利用外界环境以达到适宜的居住标准；在气候恶劣的地区，建筑设计的目的则要对抗外界环境，以创造最舒适的室内居住空间。

（2）建筑自身问题

任何建筑都是不同的，不同的建筑标准和所用材料决定了它本身对外界环境的应对能力不同。同时，外界环境的恶劣程度以及建筑材料的耐久度也是建筑对抗外环境的重要因素。在气候潮湿地区，一般要求建筑具备防潮、耐蚀、干燥等特性，在寒冷地区则要求建筑具备保温、防寒等特性。

2. 界面材料设计改善温热状况

（1）自保温墙体

墙体自保温系统是指按照一定的建筑构造，采用节能型墙体材料及配套专用砂浆，使墙体热工性能等物理指标符合相应标准的建筑墙体保温隔热系统。其各项性能和应用材料要符合相关技术标准规定，该技术体系要具有工序简单、施工方便、安全性能好、便于维修改造等特点。稻草捆围护结构墙体具有优异的保温隔热效果，且施工方便，无污染，符合自保温墙体的指标。以下分别介绍位于瑞士的"压制稻草住宅"、上海世博会万科馆和珍珠岩墙体材料。

稻草是一种可再生的农业废弃物，价廉、容易建造，它可以像早期的内布拉斯加州式民居那样作为结构构件使用，可以替代木材混凝土等使用。由于木材成材时间长、数量有限，而稻草来源广泛，质量轻，对生命健康威胁小，对环境破坏轻，所以比木材更适合普遍使用。稻草捆结构是一种对环境影响小的节能策略，干稻草捆要建在具有防湿措施的地基上，并用钢筋或竹子砌在一起防止变形，外层用交错的钢丝网加在墙上，再加石膏板或灰泥就成了稻草捆墙。如果防潮措施做得很好，稻草墙能够适应任何气候条件。此外，它的防火性比木结构更好。稻草捆墙属于被动式太阳能结构，因为热阻值比较高，所以保温效果很好。瑞士的压制稻草住宅，所用墙体材料由稻草捆组成，经过高度压缩形成稻草板，然后按照预先设定好的尺寸进行组装。

上海世界博览会中国万科馆的建筑设计因其独特的材料和建筑理念引人注目。它的墙体用材是由植物秸秆制作而成。秸秆通常指小麦、水稻、玉米、棉花等农作物在收获后所剩余的茎叶部分。秸秆板是以秸秆为原始材料，经热压等一系列程序后成形所制成的建材。世博会万科馆的建筑外围结构就是以秸秆板经特殊工艺围合而成，这种材料不仅对环境友好，可以大大降低二氧化碳的排放，同时对建筑材料的选用也是一次探索和尝试。新型原生材料的应用在保温、防水、防火和对环境以及对人的影响上都达到了理想的效果。另外秸秆板的自然纹理和金黄色泽带给人的亲切感和朴实感，都会让人感受到生命的健康和回归。

珍珠岩是一种保温效果非常好的材料，因此广泛应用于室内空间保温隔热设计。它是来自火山喷发的酸性熔岩，经急剧冷却而成的玻璃质岩石。珍珠岩矿包括珍珠岩，黑曜岩和松脂岩。三者的区别在于珍珠岩具有因冷凝作用形成的圆弧形裂纹，称珍珠岩结构。珍珠岩是一种看上去像玻璃纤维的硅岩材料。通常将珍珠岩灌注到水泥砌块的空间里，它具有密度轻、不易燃、导热系数好、吸湿能力小，且无毒、无味、防火、吸音。生产珍珠岩的过程极少产生污染，而且安装过程中对呼吸的刺激也很小。在建造室内保温墙体的时候，可以在墙体中间处留有适度的空间、进行灌注珍珠岩粉末。珍珠岩独特的保温作用能有效隔绝外界寒冷的空气进入室内从而达到保暖的效果。

（2）水地暖保温设计

室内空间地面保温占很大比重，数值约为40％，所以，室内地面的保温系数对室内整体保温具有很重要作用。一般在居室中，由于条件限制，往往对地面保温关注比较少。在当今的条件下，由于施工技术和设备的进步，在保证室内健康舒适的条件下，使用水作为保温材料已经成为多数人的首选。水地暖相对其他取暖方式具有以下优点。首先，节约空间、舒适健康，水地暖的应用取消了暖气片及其支管，增加使用面积，便于装修和家居布置。由于水地暖均匀铺设在地面，所以室内热空气由下而上均匀升起，这种供暖方式不易造成污浊空气对流，能够保持室内空气洁净。其次，水地暖相对来说高效节能、热稳定性好。由于水的比热容比较大，在传热过程中热损失小，可以有效地节约能源。最后，适应性强、使用寿命长。水地暖设备不受室外空气的影响，大大延长了采暖使用的寿命。

3. 空间规划设计改善温热状况

原生态室内空间利用空间规划改善温热状况效果，与直接利用材料保温相比，效果不很明显，主要是在设计之初就要统筹考虑，包括建筑所处的外围环境、地理位置等，建筑是否处于迎风坡、是否常年日照、是否光线充足，并根据周围小环境选择建筑朝向和开窗位置等。同时，开窗的大小和方向、所选材料及施工效果等都会影响室内温热状况。这些需统筹考虑，并不是单方面因素可以决定的。

（四）原生态室内空间的空气干湿度设计

1. 室内空气干湿度影响因素

室内空气湿度的定义是：表示空气中水汽多少，即干湿程度的物理量。世界卫生组织规定"室内湿度要全年保持在40％～70％"。人生活在相对湿度45％～65％的环境中是最舒适的。当相对湿度为20％～30％时，80％以上的人感到空气干燥；而相对湿度在30％～55％时，约40％的人感到空气干燥。由于室内空间是一个相对开放的空间，室内的空气干湿度往往受外环境影响比较大。不同的地区，气候干湿特征是不同的。这要求我们设计的时候要酌情考虑，具体应用。另外，室内家具和陈设的用材也影响居室的干湿度。某些家具也可以吸收空气中的水分，在密度比较高时进行吸收，密度低时进行释放。这只占空气干湿影响因素的一小部分。随着人们对生活要求的不断提高，在当今的生活中，空气的健康与否已经日益受到重视。目前室内调节干湿度主要是通过空调或空气加湿器等设备来实现。作为室内设计师，在室内设计的初期就要考虑到这些问题，当前的室内空气干湿度除了后期用器械进行调节外，还可以在设计之初从装饰材料的选择上来缓解这一问题。

2. 乡土材料调节空气干湿度

（1）硅藻土材料

硅藻是一种植物，是地球原生态生物链中的一员，是最早在地球上出现的一种单细胞藻类，形体非常微小，只有几微米到十几微米。它可以进行光合作用提供氧气，生存在海水或者湖水中，繁殖速度非常快。硅藻死亡后的遗骸会沉积下来，历经时间堆积形成硅藻土，而硅藻土就是我们现在室内新型生态涂料所需要的。它的表面有很多细小的孔洞，这些小孔可以吸附、分解空气中的异味，另外遍布的微小细孔可储存空气中的水分子，因而具有调节空气干湿度的功能。用硅藻土生产的建筑装饰涂料、装修材料除了不会散发出对人体有害的化学物质外，还有改善居住微环境的作用。可见，硅藻土作为室内应用材料具有明显的生态优势。从室内设计角度分析硅藻土的有效用途，我们可以发现以下优点：

第一，可以自动调节室内湿度。由于硅藻土的主要成分是硅酸质，而硅酸质参与的室内外涂料、壁材具有超纤维、多孔质的特性，其超微细孔比木炭还要多出 5 000 倍。在相同条件下，其吸附性比木炭效果要好很多。当该种材料应用在室内墙壁上时，随着室内的温度上升，硅藻土中的超微孔隙便能够自动吸收空气中的水分，并将其储存起来，而当室内空气中的水分减少、湿度下降的时候，它就可以将储存的水分释放出来缓解室内干燥的空气，从而达到调节室内湿度的目的。

第二，硅藻土壁材还具有消除异味、保持室内清洁的功能。研究和实验结果表明，硅藻土能起到除臭剂的作用。如果在硅藻土中添加氧化钛制成复合材料，就可以长时间消除异味，吸收、分解空气中的有害化学物质，并且能够长期保持室内墙面清洁，即使家中有吸烟者，墙壁也不会发黄。

第三，研究报告认为，硅藻土还具有医疗效果，掺有硅藻土的材料能够自发吸收和分解引起人过敏的物质，硅藻土壁材由于孔隙非常微小和密集，在对水分的吸收和释放过程中能够产生瀑布效果，可以将水分子分解为正负离子。这些正负离子具有清洁杀菌效果。

（2）藤麻质地材料

居室微气候中空气的干湿度对人体可以产生直接的影响，直接关系到人们的身体状况。所以我们在营造室内气候环境的时候要加强对湿度的重视程度。通过留心生活中的常识，我们发现藤麻等材质对水分的把控比较敏感，因此可以借助水分在常温下挥发特性和麻藤等纤维多孔材料吸水性好的特点，来营造室内的湿环境。例如在现代的室内空间中一些大型办公场所，通常会在中庭设有水景区，不仅能营造舒适轻松的办公环境，而且景观中的水分子会在空气干燥的时候起到调节作用，家具的材料包括木制、竹制、藤麻。藤麻和芦苇等材料其本身的松散材质能储存水分子，并在需要的时候释放出来。室内植物不仅可以吸收空气中的二氧化碳和有害气体，释放氧气和水分子，而且在营造室内气氛、柔化空间界面等方面具有非常好的效果。未来室内设计的方向是在虚空间和微环境上继续提高标准，同时随着人们对居室环境要求的不断提高，我们也要去发掘更多施工方法如，适应性广，且可以调节室内微气候的原生材料。

（五）原生态室内空间的人文氛围营造

如果把室内比作一个人，那么合理的空间布局、健康安全的装饰材料、舒适的居住环境就象征着这个人拥有一个健康的体魄，独特的人文氛围营造则象征这个人的精、气、神。室内人文情怀的塑造是室内空间设计成败的标志，是室内空间性格的展现。另外，空间的人文精神是具有潜移默化的效应的，健康的室内氛围对人的精神理念具有积极的效应，而消极、沉闷的空间氛围对人的思想具有反作用。空间的氛围形成是多方面作用的结果。何种色彩的构成、何种室内材质的搭配和装饰以及空间的布局和光线冷暖明暗等，都会对室内的氛围营造起到决定性作用。原生态室内空间所选材料主要来自大自然，设计的理念是追求材料的质朴、原生态和自然循环性，材料的装饰往往不需雕琢，以原生形态展示自然最原始的面貌。原生态室内空间的氛围营造可以归结为以下几点。

1. 原生态材料质感烘托室内气氛

质感美是原生态材料与生俱来的，是本身特有之美。这种美质朴、纯净，展现的不仅是舒畅的美感，更有直达人们心灵的意韵。质感美包括形态、质地和肌理等几个方面。人们主要是通过触觉和视觉来体味和感受不同装饰材料所呈现的美感。对于原生态室内空间的美学原则，设计师不必过多追求施工工艺的精巧和空间细部造型，而应把重点放在如何更多地呈现材料自身的肌理特色和对比搭配，来起到营造室内空间气氛的效果。材料的质感表现通常可分为自然肌理和人为再造肌理。自然肌理包括材料天然形成的肌理，如木材、石材的天然纹理和人工材料的二次肌理，以及经过精巧手艺达成的藤条编织物、织毯等，再造肌理是指主要通过后期技术手段达到的人为肌理。自然肌理主要突出原生材质的自然材质美感。原生态材料除了将自身的形态、质感等特色应用于室内空间外，还可以与其他材质混在一起，进一步丰富室内装饰效果。不同质感的装饰材料所体现出来的性格特色是不同的，如钢材等金属材料具有冷硬、现代的效果，原木、竹石等材料具有使人们亲近自然、修养情怀的感觉。不同种类的材料所展现的感觉是不同的。另外，在不同功能空间环境中，何种材料互相搭配能取得何种效果也是很复杂的。概括起来讲，装饰材料质感的组合，重点在于材料肌理与质地的组合运用，在实际运用中表现为以下三种方式：

第一，同材质感的组合。如果室内装修采用相同种类的装饰材料进行造型设计的话，可以根据肌理的横竖走向和纹路变化进行对缝、拼角、压线等施工。

第二，相似质感的组合。如同属木制质感的桃木、梨木、柏木等材料，因为生长地域、环境、时间的不同所形成的纹理会有差异性，这些相类似的材料组合在一起，由于差异性不强烈，所以在整体效果上会起到过渡的作用。

第三，对比之感的组合。质感差异性较大的材料组合在一起，利用其强烈的对比，会得到意想不到的效果。例如，将原木与石墙组合在一起，因为二者都具有粗犷、朴实的特色，因而能贴切地组合到一起。而将木材、原石和玻璃组合在一起，经过精巧的工艺组合，在效果上也会产生强烈的冲突对比。生活中的符合原生态理念又具有朴实的视觉美学效果的材料有很多，如竹材、藤条、泥土、沙子、树枝、羽毛等。下面介绍以藤条、沙石、树枝等元素在室内空间中的应用。

藤条作为一种原始的作物材料，不仅取材广泛而且性能质地也具有非常大的设计空间。中国上海世博会西班牙馆"藤条篮子"式建筑，展现了原生性的视觉美学。西班牙馆占地 7 000 m²，由 8 524 块藤条板组成。建筑外表层全层覆盖着有规律的藤条板，藤条板是手工编织，按照传统美学编制出朴素的质感肌理。其实每一块藤条板本身就具有非常美的肌理效果，再将一块块板以规律性的设计形式进行编辑叠加，就形成了韵律感十足的建筑形态。由于藤条之间编制过程中会留有间隙，所以阳光和空气可以透射而入，这样质朴无华的装饰材料和光线就完美地搭配在一起，再加上独特的空间造型，西班牙馆的空间氛围得到了非常完美的展现。

沙和土作为生活中的常见材料，其使用功能和装饰效果也具有很大的潜力。我国疆域辽阔，土资源非常丰富，种类繁多。按照所含矿物质的成分不同，以及所处的地理位置不同，土质颜色也各不相同，主要呈现为五种颜色：中黄、东青、西白、南红、北黑。土是可以直接应用于室内装饰的一种材料，造价低廉、施工简便，可以营造出陈旧、尘封、朴实自然的效果，沙土根据外貌的不同，可以分为细砂、中砂和粗砂。砂子可以小面积铺设裸露于地面，配合灯光营造出特殊的光影效果，或是用较粗的砂砾展现肌理效果，既可以营造出自然的环境气氛又便于清洁维护。

树枝是天然木本植物的枝杈部分，表面颜色多为黑褐色，个别为灰白色，触感大部分较为粗糙生涩，视觉效果朴素、粗犷，树枝形状的千差万别造就了迥然不同的形态，朴实中透露出自然的气息。另外，树枝由于取材方便，往往不需要加以过多修饰便可应用于室内装饰，是一种既环保又经济的可再生材料。经过特殊艺术处理的树枝可以给室内带来生气，同时通过光影变化可以塑造迷离的效果。例如，用树枝的断面以序列的方式排列作为室内空间的隔断，可以获得出其不意、朴实自然的视觉效果；同时顶棚处随机点缀些树枝，配合顶部灯光便可以打破室内僵硬的光影效果，营造出乡村自然的室内风格。树枝除了可以作为室内的修饰外，还可以制成木雕工艺品陈设在室内，其朴实粗犷的表面肌理和室内素净的界面冲突，可以给室内空间带来艺术灵动的视觉效果。

2. 室内陈设烘托室内气氛

室内陈设是室内设计的重要组成部分。室内陈设作为构成室内空间、塑造室内氛围的主要营造者，其表现方式主要有两点：一是材料，二是造型。二者是相辅相成的关系，陈设设计最终目的在于调动空间中的一切媒介，利用空间体块关系，营造空间的审美效果，赋予空间以独特的个性。它不仅是视觉和美学的体现，也是生活观念的体现。室内陈设艺术隶属于室内空间设计，它的设计手法要在室内整体风格之下进行并完善，在构思上要统筹思考，局部深入。在选材上，可根据主人爱好选择个性化或趣味性的东西，也可根据空间和室内氛围需要进行取材。原生态室内空间的室内陈设品选择要结合原生态设计理念和室内整体风格来决定。既要讲究视觉上的美感又要遵循生态循环、节约能源的原则。美学角度的室内陈设艺术主要分为以下几点。

（1）陈设美感

对于陈设设计的形式美感而言，不仅包括它在室内空间中扮演的角色，还包括它自身所采取的形式。陈设美是美学的一个分支，美的构成主要包括：比例、对比、和谐、节奏、层次、独特等。而将美学原则应用到室内空间中，则要结合室内空间的功能形态和氛围需求进行设计。室内空间的比例美原则，其最直接的体现便是黄金比例，比例美在设计上可涉及造型、疏密、大小、高低等因素。同时这些原则之间不是互相孤立的，而是互相联系互为基础的。

对比美法则是一种很常见的形式美法则，应用到室内空间中可以提高事物之间的区别性和差异性。在整体设计中既要对比又要统一，才可以使设计作品达到和谐的效果。对比根据其各方面的因素可以归纳为形状对比、色彩对比、位置对比、空间对比、数量对比。

和谐美是一种包容性的美。简言之，凡是给人以融洽愉快感觉的形式都是和谐的形式。和谐分为类似和谐和对比和谐，不管是哪种和谐，采取哪种形式，其最终的目的是达到一个整体的均衡统一之感。

节奏原本是诗歌、音乐、舞蹈的艺术形式，它在美学的构成形式上具有很关键的作用，具体涉及物体的形状、大小、色彩、肌理、方向、位置等诸多因素。这些因素的不同组合就会产生不同的节奏效果。

室内设计要追求空间的层次感。如造型从大到小，从圆到方，从高到低，从冷到暖，从单一到复杂，从实到虚等，都可构成不同的陈设效果。但需要一定的美学知识和巧妙的设计技巧，才能设计出适宜的层次之感，取得良好的装饰效果。

独特是指突破原有观念束缚，标新立异，以巧妙的构思达到恰到好处的效果。如万绿丛中一点红、红花绿叶等，但独特若想取得良好的效果需要把握好度。掌握良好的度在室内设计中才可做出具有突破性、个性化和独特效果的作品。

（2）陈设造型

室内空间的陈设主要是造型、色彩、光线等要素共同作用形成的。室内空间造型风格多样，主要特点是可以创造室内性格。方正的块面、直线、直角造型表现简洁明快的室内感觉。而采用曲线、柔软的材料和淡雅的光线和色彩，则表现婉约柔美的空间性格。室内空间造型在塑造空间性格的同时，也要结合使用功能定位设计。例如家具的设计在满足新材料和新结构造型的同时，要符合方便使用的要求。另外，造型的美感还会对人体精神层面产生影响：优雅的造型可以使人产生愉快、兴奋、舒适的感受；而低级的设计不仅会对空间氛围的烘托起到反作用，而且会使人产生焦躁、压抑和沉闷的副作用。在设计的时候要综合不同艺术门类从多角度思考，使陈设造型更加贴合室内空间。

（3）陈设布局

室内空间的陈设布局是将室内空间中的陈设物作为丰富空间、搭配空间的灵活元素来考虑的。它包括室内的功能性陈设和欣赏性陈设，这两种陈设都要满足基本功能要求，除此之外，美学上要起到装点室内空间环境、营造氛围的效果。

第一，功能性陈设布局。功能性陈设顾名思义在室内空间中首先要以满足实用性功能为主，同时在符合室内整个风格的同时，力求塑造其独特的外形，使它的参与给空间带来独特的氛围和艺术魅力。在原生态风格的室内空间中，饰品的形态要以体现自然原生为主，包括从材料的造型、肌理、色彩、质感等角度入手设计，涉及空间的具体陈设则包括餐具、家具和一些辅助性的陈设物等。

第二，欣赏性陈设布局。欣赏性陈设应用在室内空间中在满足塑造室内氛围，丰富空间界面的同时，要起到陶冶情操、使参与者赏心悦目的目的。另外，陈设品还能表现出主人的人文品位和兴趣爱好，具体陈设物包括绘画、雕塑、陶艺、盆景等。

原生态室内空间的设计理念是不断发展的，世界上各种事物无时无刻不在运动变化中不断前进，人们对自身生活水平的需求也在不断转变中得到提高。现实生活、环境污染、生态破坏、家居污染现象普遍存在。对于这种状况我们必须提出改善方法，一种具有科学理论依据且能在未来得以实施又能符合现实条件的策略。地球是人类的，我们都渴望一个温馨自由而又舒适的居住环境，这不仅关系到我们的现在，而且关系到未来人类的生存发展。未来的室内设计理念，不论如何修改、完善，它的目标应该是明确的，即在致力于解决人和环境的矛盾中不断寻求自身生存和发展的空间。原生态理念空间则更倾向于利用自然的力量来为人类居住空间服务，所选元素更多地体现一种自然和人的和谐关系。

三、原生态材料在室内设计中的可持续性应用

随着我国现代化进程的加快，现代室内设计领域也在悄然发生着变化。从早期的精装、豪装到简洁温馨的简约装修，从轻装修、重装饰转为个性化、文化装修。如今消费者更倾向于选择环保装修、绿色装修。绿色装修和环保装修的内容十分宽泛，被公众认同的是装修材料的环保性。含有甲醛、苯、氨等有刺激性气味或有害气体的装饰材料能够造成室内污染。健康是幸福的根本，出于健康的考虑，绿色环保的理念已经深植公众心中。绿色环保装修一是指所用材料安全，不会对身体造成伤害；二是指材料环保，反对对资源的恶意性开发和浪费性使用，即装修材料的可持续性。

（一）装修材料的可持续性

装修材料的可持续性体现在原生态材料在室内设计中的广泛应用，也是"中国式雅致生活"的体现。"中国式雅致生活"是指中国人所特有的以智慧、闲适和觉醒为主要特征的艺术的人生态度和生活方式，是对"乡土中国"的追忆、对农耕时代田园牧歌生活的精神向往、对抱朴守真心灵生活的崇尚回归。"中国式雅致生活"是中国传统文化孕育出的一种古典生活方式，是现阶段室内绿色环保设计的刚性需求，体现在原生态装修材料的应用上。原生态材料的应用更能体现室内设计的可持续性，首先从材质上，原生态材料属天然材料，如木材有各种植物的枝、干、茎、根、花、叶、果实等；如石材有各种质地、密度、纹理的山石、沙土等；如动物材料有各种动物的毛皮、骨、角、牙等，甚至一些标本类生物的枯体；如漆与胶有天然大漆、树漆、生漆、腰果漆、松香、樟脑油（樟树油）、桐油、茶油、麻油、虫胶、骨胶、橡胶等；如金属材料有铁、铜、锡、金、银、钢、铝、铅等，其中有些材料虽然表面看不属于天然材料，其实是某种天然材料的萃取。

原生态材料寄托着人对自然的崇尚与敬仰，是自然与文化环境的依托，更能体现"中国式雅致生活"返璞归真的生活态度。原生态材料是中国文明发展史的承载体，从中可以学到先人的智慧。在中国古代没有大工业时代的集成材料、合成材料、高分子材料和化工材料，但每一个物件都蕴含着文化，是古人利用自然的伟大智慧的体现，这也是"中国式雅致生活"的根源所在。秦朝时的一块砖现在仍可使用，甚至有使用之外的更多价值。

原生态材料作为传统艺术与传统工艺的物质载体，是文明的继承与发展。中国有五行物质观，认为大自然由金、木、水、火、土五种物质组成，它们相生相克、轮回不息，也是物质持续性轮回使用的表现。金、木、水、土四种物质是自然界所有物质的根本，而火是人类文明与进步的力量，水生木（有水木生），木生火（木是五行中唯一可燃的），火生土（燃烧殆尽回归尘土），土生金（金属是土中矿物质的沉淀），金生水（金属是冷的，容易在上面凝结出水）。与五行学说相对应的，中国有很多传统的、针对物质自然属性衍生而来的工艺手段，是人类在自然生活中智慧的结晶。

（二）现代室内设计应注重传统工艺的继承与发展

自然界中的五行物质和人类文明，以及针对五行学说所传承下来的工艺手段，正是人与自然的完美结合，是"天人合一"的体现。木工（木匠）的中式榫卯工艺和针对木质材料产生的各种样式与结构，以及雕刻工艺，都是人类智慧结晶，可谓巧夺天工。金工（针对金、银、铜、铁、锡等金属进行加工制作）早期的青铜器、金银器皿，以及后来的铜铁锡等制品都是不可多得的上等工艺品。陶工（针对各种不同土质、釉料及窑火烧制成绝美的瓷器、陶物），中国制陶历史几千年，陶瓷艺术品举世闻名，"瓷器"的英文"China"

与"中国"相同。陶瓷是五行之器,集金、木、水、火、土于一身,是人类利用自然,与自然和谐相处的产物。因此,陶瓷制品被称为"神器"。漆工(利用天然植物的果实、汁液等提炼出油或漆,涂于器物表面,起到保护与装饰作用),中国传统漆器美不胜收,春秋战国达到鼎盛,漆是最早的饰面材料。中国是世界最大的生漆生产国,占世界生漆总产量70%以上,但生漆很少作为当前的装饰材料。这些传统工艺使室内空间设计熠熠生辉,室内设计对于承载传统工艺复兴,具有无法取代的作用。

原生态材料在室内设计中的可持续性,主要体现在以下几方面:一是材料物质本身的自然属性是可持续性的;二是在人类的自然情感中,传统文化的传承、文明的延续应是持续性的;三是中国的所有传统工艺和艺术表现形式都依托在原生态材料上面,而且工艺和技艺已经有深厚的基础。室内设计是与民众接触最为密切的一种艺术形式,贴近生活,其责任也更重,更应该引导公众正确对待室内设计。保持自然、传统、可持续性,又不失现代、时尚,具有文化传承的设计方案和理念是室内设计的核心。原生态材料是绿色、可持续性的材料,符合人类的自然情怀和传统文明的传承,要依托精湛的传统工艺和艺术形式,使原生态材料真正表现出其可持续性的本质——持续承载人与自然和谐相处的原则、人类的文明与进步,以及物质材料本身,至百年、千年。

参 考 文 献

[1]崔冬晖.居室空间设计[M].沈阳:辽宁美术出版社,2020.

[2]刘静宇.居住空间设计[M].上海:东华大学出版社,2020.

[3]肖巍.展示与装置空间设计[M].武汉:华中科技大学出版社,2020.

[4]李苏晋,曾令秋,庞鑫.公共空间设计[M].成都:电子科学技术大学出版社,2020.

[5]陈永红.住宅空间设计[M].北京:中国建材工业出版社,2020.

[6]王平好.当代城市开放空间设计研究以重庆山地城市为例[M].长春:吉林美术出版社,2020.

[7]薛凯.公共空间室内设计速查[M].北京:机械工业出版社,2020.

[8]郑静群,何易轩.室内空间设计解析[M].郑州:黄河水利出版社,2020.

[9]王迪,甘露,张俊竹.居住空间设计[M].北京:航空工业出版社,2020.

[10]封丽娟,程丽昀,肖丹.居住空间设计[M].成都:电子科技大学出版社,2020.

[11]管沄嘉.环境空间设计[M].沈阳:辽宁美术出版社,2019.

[12]吴陆茵.居住空间设计[M].重庆:重庆大学出版社,2019.

[13]熊阳漾,余俊.展示空间设计[M].北京:中国青年出版社,2019.

[14]陈德胜.虚拟空间设计[M].沈阳:辽宁美术出版社,2019.

[15]王珂,郭烽.公共空间设计[M].北京:北京理工大学出版社,2019.

[16]谢晶,朱芸.住宅空间设计[M].北京:北京理工大学出版社,2019.

[17]黄春波,黄芳,黄春峰.居住空间设计[M].上海:东方出版中心,2019.

[18]李楠.公共空间设计[M].镇江:江苏大学出版社,2019.

[19]林摖沛.小宅空间设计与软装搭配[M].沈阳:辽宁科学技术出版社,2019.

[20]龙燕.中韵西形中西居住空间设计比较研究[M].青岛:中国海洋大学出版社,2019.

[21]庞鲜.办公空间设计[M].北京:中国青年出版社,2019.

[22]俞文斌,刘帅.住宅空间设计[M].哈尔滨:哈尔滨工程大学出版社,2018.

[23]王春霞,王海文,王静.办公空间设计[M].武汉:华中科技大学出版社,2018.

[24]刘宇.室内空间设计[M].镇江:江苏大学出版社,2018.

[25]何琳,彭成.室内空间设计[M].贵阳:贵州科技出版社,2018.

[26]吕慧娟,向晓航.展示空间设计[M].合肥:合肥工业大学出版社,2018.

[27]齐志辉,张振.餐饮空间设计[M].2版.上海:上海交通大学出版社,2018.

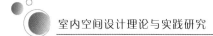

［28］任宪玉,王玉堂.创新商业空间设计［M］.沈阳:辽宁科学技术出版社,2018.

［29］蒋迎桂,董小龙,杨卫波.室内空间设计［M］.北京:兵器工业出版社,2018.

［30］徐珀塽.共享办公空间设计［M］.桂林:广西师范大学出版社,2018.

［31］翁凯.室内空间设计［M］.长春:吉林美术出版社,2018.

［32］谭长亮.居住空间设计［M］.上海:上海人民美术出版社,2018.